KB262134

주·목·받·는 아이는
말하는 것부터 다르다

주·목·받·는 아이는 말하는 것부터 다르다

윤채현 지음

북하우스

아나운서 엄마의 똑똑한 말하기 교육법

대학방송부 활동으로 '말'에 대한 애정을 키웠고, 지역방송국 아나운서라는 직함을 가지고 '말하기'의 공익성을 실천했다.

그렇게 15년 동안 '말'은 나의 삶을 풍요롭게 채워준 가장 든든한 재산이다. '말 한마디로 천 냥 빚을 갚는다'는 속담이 아니더라도, 아나운서 생활을 하면서 '말 태도'를 올바르게 갖춰나가기 위해 끊임없이 노력했다. 말하기의 본보기가 돼야 한다는 책임감으로 항상 말에 대해 신중한 자세로 임했고, 그런 자세는 조리 있게 말하고 자신 있게 표현하고 당당하게 살아가는 삶의 모습을 만들어줬다.

이렇게 말에 대한 남다른 사랑으로 생긴 나만의 버릇이 있다. 쉽고 재미있는 말을 좋아하는 나는, 일본식 한자어나 딱딱하게 굳은 글말들에서 벗어나 살아 있는 말, 평소에 주고받는 입말을 쓰려고 노력한다. 그래서 생긴 버릇이 어려운 말로 쓰여진 글을 보면 쉬운 문장으로 바꿔보는 것이다.

노상적치물 철저 단속기간

➡ 길에 물건을 쌓아두면 안 됩니다.

아파트 관리규약에 의거 공동주택 내에서는 가축이나 애완동물 등의 사육을 할 수 없습니다. 애완동물을 사육하면 짖어대는 소음공해로 민원을 발생케 하고 공용부분 복도 및 계단 등에 방뇨 등을 시켜 청소하는 데 애로사항이 많을 뿐더러…….

➡ 아파트 관리규약에는 공동주택에서는 가축이나 애완동물을 기를 수가 없다고 돼 있습니다. 애완동물을 기르면 동물들이 짖는 소리 때문에 주민들이 불편합니다. 또 복도나 계단이 더러워져서 청소하는 데도 어렵습니다.

공공단체에서 만든 알림글은 몇 번을 읽어야만 겨우 뜻을 이해할 수 있는 경우가 많다. 일반인들에게 알리는 글이라면 누구나 알기 쉽게 써야 하는데, 어렵게 써야만 권위가 있다고 생각하는 모양이다. 결국 이런 알림글들은 나의 말 바꾸기 버릇에 걸려드는 목표물이 되기 십상이다.

내 말뿐 아니라 다른 사람들의 말하기에도 자연스럽게 관심을 쏟으면서, 많은 사람들이 평소에도 어려운 말을 자주 사용한다는 것을 알게 되었다.

억수같이 비오는 날, 뉴스에 가장 많이 나오는 말이 있다. 바로 '집중호우'라는 표현이다. 동료 기자에게 '큰 비'라는 표현으로 바꿔 쓰자는 얘기를 했더니, '집중호우'라는 표현을 모두가 쓰고 있으니 그냥 하던 대로 하겠다고 했다. 주변 사람들의 말 한 마디 한 마디에 신경을 쓰고 '올바른 말하기'에 대해 알렸지만, 사람들의 말 태도는 쉽게 변하지 않았다.

'왜 이렇게 굳어진 글말을 쓸까. 말하기 버릇을 바꾸기가 왜 이리도 힘들까?'

가만히 생각해보니, 어릴 때부터 그렇게 교육을 받아왔기 때문이었다. '세 살 적 버릇 여든까지 간다'고, 어릴 적 말습관만큼 중요한 것이 없다는 것을 깨닫고, 나는 내 아이부터 올바른 말하기 교육을 시작했다.

평소에 주고받는 이야기부터 살아 있는 입말로 고쳐 나가면서 차츰 아이의 발음, 어투, 말할 때 시선, 표정까지도 신경을 쓰게 됐다.

엄마와의 말공부에 아이는 재미있게 따라하기도 하고 때로 귀찮아하기도 하고, 여러 번 알려줘도 어긋나게 표현하기도 했다. 하지만 서두르지 않고 조금씩 반복해서 가르쳐나갔다.

말소리가 작고 발음이 입속에서 우물거리던 아이, 남 앞에 서면 두려움에 말을 제대로 못 하던 아이, 단어로만 말하던 아이, 이렇게 많은 문제를 갖고 있던 내 아이가 달라지기까지는 오랜 시간이 걸렸다.

　아이를 믿으며 끈기 있게 기다린 시간이 지나고, 수줍음이 많던 아이는 이제 자기 의사를 또렷하게 표현하는 자신감 있고 당당한 아이로 달라졌다.

　이 책은 그 경험을 쏟아놓은 자리다. 아나운서 생활을 통해 얻은 체계적인 이론에, 아이를 키우면서 깨달은 것과 아이들의 말하기 교육을 통해 얻은 경험을 엮었다.

　아이의 말하기에 관심을 가지고 있는 모든 부모들에게 이 책이 '말하기 교육'의 시초가 되는 책이었으면 좋겠다. 그래서 이 책을 한번 들춰보고 '이런 것도 문제구나. 이것도 고쳐야 하는 말버릇이구나. 내 아이는 지금 어떤 태도로 말하지?'라는 생각을 나누며, 아이의 말하기를 올바르게 이끄는 데 도움이 되길 바란다.

(차례)

올바른 말하기 교육이 자신감 있는 아이를 만든다

"제 아이는 똑똑하기는 한데, 무슨 말을 하는지 정확히 알아들을 수가 없어요. 본인도 답답해하는데, 간혹 사람들이 못 알아들어서 외면해버리기도 하니까 자꾸만 말을 안 하려고 해요."

말하기교실에 찾아오는 부모들이 제일 많이 하는 하소연이다.

발음이 정확하지 않고 알아듣기 힘들게 우물거리며 말하는 아이들이 생각보다 많다. 발음이 좋지 않으면 듣는 사람들은 "말하는 게 왜 그러냐"고 한마디씩 하게 되고, 그러면 아이는 그 말이 듣기 싫어서 아예 목소리를 작게 하거나 사람들 앞에서는 말을 하지 않게 된다. 더군다나 앞에 나서서 발표를 한다는 건 엄두도 못 내고, "전 원래 못해요"라고 스스로 단정짓는다.

문제는 '발음'이다. 그러나 발음이 문제라고 하면, 부모들은 "아이들 말하는 게 다 그렇죠. 어릴 때야 원래 발음이 정확하지 않잖아요. 그것보다는 자신감이 부족해서 그런 거 아닌가요?"라

고 되묻는다.

그런데 그 자신감이라는 게 어디서 나오는 걸까?

표현력이 뛰어나도 발음이 좋지 않으면, 듣는 사람들의 반응이 별로 좋지 않고 말하는 사람 역시 말하기에 대한 흥미를 잃어버리고 만다. 말하기의 기초체력인 '발음'을 정확하게 갈고 닦아서 말 그대로 '말'을 제대로 해야 한다.

짧은 말이라도 발음이 좋으면 듣는 사람들이 "정말 말을 똑똑하게 하는구나" 하며 칭찬하게 되고, 그러면 아이는 말하는 것에 흥미를 느끼면서 자신감을 갖게 된다.

이렇게 말의 기초를 쌓은 다음에는, 말에 대한 부담을 덜어낼 수 있도록 말하는 게 재미있는 일이라는 걸 가르쳐줘야 한다.

발표력이 부족한 아이를 둔 부모들은 아이 앞에서 "우리 아이가 숫기가 없어서 남 앞에 서는 걸 못 해요. 어떻게 하면 될까요?"라며 걱정한다. 그 걱정의 소리는 아이들을 더욱 '말'의 부담에 빠지게 만든다.

아이에게 가장 중요하게 영향을 끼치는 것은 바로 부모의 평가이다. 부모부터 아이의 말하기에 대해 함부로 단정짓지 말고, 아이가 말하기와 친숙해질 수 있게 도와줘야 한다. 재미있는 말놀이를 통해 아이가 말하기 준비자세를 익혀나가도록 하고, 말을 잘 할 수 있다는 생각을 갖도록 키워주는 것이다.

요즘은 학교에서 손드는 아이들에게만 기회를 주는 게 아니라 제비뽑기로 자기 이름이 불리면 발표를 해야 한다. 부모가 아이

와 함께 발표 주제를 미리미리 준비를 하면 아이는 훨씬 자신 있
게 말할 수 있다.

 갈고 닦지 않고도 저절로 말을 잘하길 바라서는 말하기의 힘을
기르기 어렵다. 아이들이 말하기의 힘을 다지기 위해서는 부모가
아이의 말하기 선생님이 되어야 한다.

두 아이를 키우면서 깨닫게 된 말하기 교육법

큰아이 보경이를 키우면서

바쁜 맞벌이 생활에, 큰아이 보경이를 태어나자마자 친정집에 맡겼다.

보경이가 다섯 살 때, 직장을 다니면서도 어떻게든 짬을 내보기로 하고 내 품으로 데려왔는데, 어째 곁에서 두고보는 아이는 늘 주눅이 들어 있었다.

어린이집에 보낼 생각으로 데려왔던 것인데, 울며불며 가지 않겠다고 떼쓰는 바람에 아침마다 아이와의 힘겨운 출근전쟁을 치러야 했다.

저녁방송을 마치고 서둘러 아이를 데리러 가면 불 꺼진 어린이집에 야근하는 선생님 옆에서 깜깜한 창문을 바라보고 조용히 앉아 있던 보경이…….

그때 아이는 또렷하게 말하지 못하고 늘 입 안에서만 우물우물, 때때로 친구들한테 맞으면서도 아프다는 말도 제대로 못 했다.

속 모르는 주변사람들은 "아나운서 딸은 말을 잘하나?"라며 아이의 말하기에 큰 관심을 보였다.

'날 닮았으면 다른 애한테 먼저 말 걸고 인사를 해도 모자랄 판

인데, 쟤는 누굴 닮아서…….'

　답답한 마음에 나도 모르게 속 좁은 혼잣말을 하기도 했지만, 낯선 사람을 보면 엄마 치마 뒤로 숨기 바쁘고 말을 두려워하는 딸아이를 보며 어릴 때 함께 있어주지 못한 미안함에 더 큰 고통을 느꼈다.

　처음에 나 역시 여느 엄마의 입장에서 내 아이가 빨리 말 잘하는 아이로 변해줬으면 하는 마음에 아이의 잘못된 점만을 꾸짖으며 성급하게 말을 가르쳤다. 하지만 금세 맘을 돌렸다. 내 말을 만들어가던 과정이 생각났기 때문이다. 아나운서 시절, 나 자신도 끊임없는 연습과 노력으로 '말하기'를 갈고 닦았는데, 아이의 말하기가 그렇게 쉽게 만들어질 수 있겠는가. 시간이 좀 걸리긴 하겠지만, 아이와 내가 서로 괴롭히는 일은 하지 말아야겠다는 결론을 내렸다. 지금부터 천천히 노력해서 평생 제대로 말습관을 익히면 될 테니까. 내 아이는 완벽하지 않고 이제 배우는 걸 연마해가는 아이니까…….

　부드러운 눈빛으로 아이에게 말을 걸었다.

　"엄마가 너의 말하기 선생님이 돼줄게."

　우선 아이에게 "때리지 마", "아파"라고 자기 의사표현을 분명히 할 필요가 있다는 것을 가르쳤다.

　입 모양을 정확하게 하고 큰 소리로 말하는 법, 조리 있게 말하는 법, 대중을 무서워하지 않는 것 등등, 말하기를 차근차근 가르치기를 몇 년, 아이는 더디지만 몰라보게 달라졌다.

아이에게 말하는 법을 가르치면서 내가 알고 있는 세상 이야기도 많이 해주었다. 함께 지내는 후배는 "아이가 무슨 말인지 알까요? 너무 어렵지 않나요?"라고 할 정도였다.

아마 무슨 말인지 잘 모를 것이다. 하지만 어느 날 엄마가 해온 얘기가 무엇인지 절실하게 느끼는 날이 오지 않을까? 그럼 세상을 살아가는 힘도 빨리 기를 수 있을 테니까. 많이 기다릴 줄 알고, 늘 따뜻하고 긍정적으로 말하며, 잘못됐거나 부당한 경우에는 당당하게 자기 얘기를 할 수 있는 힘 말이다.

그렇게 말하기로 들어서는 길을 아이에게 알려주며 아이의 말하기에 맞춰 함께 나아갔다. 엄마의 말하기 사랑에 어느새 보경이의 마음이 함께하면서 아이의 모습이 달라지기 시작했다.

이제 초등학교에 들어간 보경이는 자기 의지대로 피아노, 발레, 그림 그리기 학원을 다니면서 모든 걸 즐겨 하는 아이다. 누구를 만나든 밝은 표정으로 인사를 잘한다.

말 없고 숫기 없던 얌전한 아이가 이제 목소리는 작지만 자기 의사는 분명하고 똑똑하게, 할말은 하는 아이로 달라진 것이다.

1. 겁주는 말은 하지 말자

처음 할머니 손에서 데려왔을 때, 다섯 살 보경이는
세상에서 호랑이가 제일 무서웠다.

할머니 손에서 데리고 왔을 때, 보경이는 잠시도 혼자 있으려
하지 않았다.

"보경아, 엄마 쓰레기 버리고 올게."

"싫어, 싫어."

"아주 잠깐만 기다리면 돼."

"혼자 있으면 무섭단 말야. 같이 갈 거야."

"집에 있는데 뭐가 무섭다고 그래. 빨리 갔다올게."

"그래도 같이 가."

그러고는 옷을 주섬주섬 챙겨 입는 보경이.

'오랫동안 엄마와 떨어져 지내서 그런가 보구나' 싶어 미안하고
안쓰런 맘에 그러려니 했다. 그러다 보니 결국 집밖에 나올 때는
아주 잠시라도 항상 데리고 다니게 됐다.

함께 지낸 지 2년이 지나도 보경이는 달라지지 않았다.

보경이가 일곱 살 때부터인가. 그때까지도 혼자서는 집에 있지 못했는데 밖에 나가는 심부름을 시키면 그건 또 선뜻 잘했다.

어느날 문득 이상한 맘이 들었다.

"보경아, 집에 혼자 있는 게 그렇게 무섭니?"

"응."

"왜 무서운데?"

"혼자 있으면 호랑이가 창밖에서 들어올 것 같아."

"밖에 혼자 나가서 물건 사오는 건 하잖아."

"그건 괜찮아, 집 안에 혼자 있을 때만 나타날 것 같거든."

"하하하. 집에 무슨 호랑이가 나오니……?"

처음엔 너무나 엉뚱한 얘기라 어이가 없어 웃고 말았는데, 그러다 이내 말문이 막혔다.

곰곰 생각해보니 보경이의 행동이 그제서야 이해된 것이다. "혼자 있으면 무섭다"고 했던 보경이의 말을 무심코 지나쳐버렸던 내 모습들. 그때는 보경이의 두려움에 대한 고백을 '그저 어려서 하는 말이겠거니……' 하고 무시했던 것이다.

'호랑이 얘기'는 보경이가 할머니 손에서 지낼 때, 밤에 잠을 자지 않고 떼쓸 때마다 들었던 얘기다. 할머니가 늘상 "밖에 호랑이가 잠 안 자는 아이 데리고 간다"고 했던 것이다. 어루고 달래다가도 안 될 때 그저 약간의 겁을 주려고 했던 말이었는데, 그게 문제였다. 그때부터 보경이 마음에는 세상에서 제일 무서운 걸로 '호랑이'가 자리잡게 되었고, 혼자 있으면 언제 어디서나 호랑이

가 나타날 거라는 불안감에 시달리게 된 것이었다.

이런 얘기는 아이를 키우는 집에서는 한두 가지씩 써먹는 수법이다.

"잠 안 자면 순경 아저씨가 잡아간다."

"오줌 싸면 옆집에 소금 받으러 간다."

"말 안 들으면 다리 밑에 데려다놓는다."

어른들은 아이가 떼를 쓰면 그 시간을 쉽게 넘겨보려고 아이에게 겁을 주거나 두려움의 대상을 끌어들인다. 그러나 별 생각 없이 내뱉는 이런 말들로 아이는 마음속에 두려움을 쌓아간다. 그리고 오랫동안 두려움에서 벗어나지 못한다.

말은 굉장한 힘을 가지고 있다.

다른 사람한테 듣는 말 한마디에 사람들은 자신감을 얻기도 하고 좌절하기도 한다. 더구나 어린 아이는 어른들의 말에 별다른 의문을 품지 않고 그 말을 머릿속에 저장하게 된다. 그리고 그 말들은 아이가 커가는 데 큰 영향을 끼치기도 한다.

나는 보경이에게 호랑이 전설의 진실을 알려줬다.

"호랑이가 잡으러 온다고 그랬던 건, 네가 어릴 때 밤마다 하도 울고 잠을 안 자서 널 재우려고 할머니가 꾸며낸 얘기란다. 지난 번에 동물원에 가서 호랑이 봤지? 거기가 호랑이가 사는 집이야. 그러니까 보경이가 혼자 집에 있다고 호랑이가 오진 않아. 이젠 무서워하지 마."

초등학교에 들어가면서 보경이는 호랑이를 무서워하진 않게 됐지만, 아직도 집에 혼자 있는 걸 조금은 두려워한다.

 1장 두 아이를 키우면서 깨닫게 된 말하기 교육법

2. 아이를 규정짓는 말은 하지 말자

할머니에게 맡겨놨던 보경이를 만나러 갔을 때, 집 근처 놀이
터에 셋이 함께 나간 적이 있었다.

그 동네엔 맞벌이하는 자식들을 대신해서 손주를 돌봐주는 할
머니들이 많았다. 놀이터에는 우리 식구들 말고도 손주를 데리고
나온 나이 든 아주머니들이 아주 많았다.

그때 한 아주머니가 보경이 할머니에게 말을 건넸다.

"아유, 뉘 집 아인데 이렇게 얌전하노?"

"우리 외손녀예요. 하루종일 이렇게 내 옆에만 붙어 있어요."

"애가 순해 보이네요."

"말을 잘 들어요. 말썽도 부리지 않고."

"아, 얼마나 좋아요! 역시 여자아이라 좀 다른가 보네. 나도 손
주 녀석을 봐주고 있는데, 남자 녀석이라 그런지 얼마나 장난이
심한지…… 힘에 부친다니까요."

“그러게요, 힘든 아이면 못 보죠. 엄마랑 떨어져 지내면서도 착해서 정말 기특해요. 그런데 워낙 숫기가 없어서…… 원, 모르는 사람들하고는 얘기도 안 하려고 하고.”

“어려서 그렇지 뭐. 크면 다 달라져요. 이런 손주라면 정말 할머니 힘들이지 않고 얼마나 편하겠어요. 그것도 다 복이에요.”

할머니와 지내던 동안에, 보경이는 처음 보는 사람들한테 몇 번이나 이런 얘기를 들었던 모양이다.

그때 보경이에 대한 최고의 자랑은 ‘얌전한 아이’였다. 주말에만 보는 엄마한테도 아이는 사달라는 것도 없고 별로 떼를 쓰지도 않았다. 보경이는 있는 듯 없는 듯 조용히 지내는 데 익숙해 보였다.

직장을 그만두고 보경이를 데리고 왔을 때도 그 모습은 달라지지 않았다. 보경이는 처음 만나는 사람들한테 인사도 제대로 하지 않고 엄마 옆에 붙어서 꼼짝도 하지 않았다. 다른 사람이 반갑게 말을 시켜도 대답을 전혀 하지 않거나 간신히 고개만 끄덕여 대답했다. 집에서는 몰라도 밖에서는 도통 말하는 걸 볼 수가 없었다.

우리 부부 둘 다 그렇게 낯을 가리는 편은 아니었기 때문에, ‘얘가 누굴 닮아서 이럴까?’ 싶은 생각까지 들 정도였다.

네 살이 돼서 어린이집에 보내야겠다고 계획을 세웠을 때는 한참이나 망설였다. 이만저만 걱정이 아니었다. 친구들과는 잘 지내는지, 선생님을 잘 따르긴 할는지, 제대로 생활에 적응할 수 있

  1장 두 아이를 키우면서 깨닫게 된 말하기 교육법

을는지…….

역시나 처음엔 엄마와 떨어지지 않겠다며 얼마나 애를 먹이던지, 모든 선생님들이 나서서 달래야 할 정도였다. 포기해야 할까 싶었는데, 다행히 며칠이 지나면서 가지 않겠다며 떼를 쓰는 건 하지 않았다.

어린이집에 다닌 지 얼마 후, 첫 재롱잔치를 한다는 초청장이 날아왔다.

나는 아이의 재롱을 보고 싶은 마음보다는, '낯가림이 심하고, 아는 사람 앞에서도 노래 한 줄 못 하는 보경이가 뭘 할 수 있을까?' 하는 걱정부터 앞섰다.

많은 사람을 상대해야 하는 무대는 누구에게나 낯선 공간이다. 낯선 상황에 익숙하지 못한 아이들한테는 특히나 처음 서는 무대에 대한 긴장감이 공포로 다가설 수 있기 때문이다.

나는 전날부터 조마조마한 마음에, '그냥 서 있기만 해도 좋으니 무대 위에서 울음만 터뜨리지 말았으면……' 하고 기도했다.

드디어 발표회날. 재롱잔치의 무대 위에선 첫 순서부터 여지없이 울음소리가 장식했다. 어떤 아이는 율동에는 신경도 안 쓰고 혼자 딴 짓을 하고, 또 다른 아이는 중간에 들어가버렸다. 그런 아이들을 보면서 걱정은 더해갔다.

'아, 우리 보경이가 잘 해낼 수 있을까……'

몇 번의 무대가 끝나고 드디어 차례에 맞춰서 보경이가 나왔다. 그런데 그 모습이 의외로 너무나 의젓했다. 똘망똘망한 눈빛으로 박자에 맞춰 한껏 뽐내며 춤추는 모습이, 전혀 떨리는 기색도 없었다. 그날 재롱잔치에서 무대 위 보경이가 얼마나 빛나던지…….

공연이 끝나자마자 무대에서 내려온 보경이를 꼬옥 껴안았다.

"정말 멋지게 잘했어. 보경이는 무대체질이구나. 그동안 엄마도 몰랐는걸……."

"나는 춤추는 게 재밌어."

그날 재롱잔치에서 나는 보경이의 새로운 면을 보았다.

그런데 생각해보니, 그런 모습을 본 게 그날이 처음은 아니었다.

보경이는 노래방에서도 신나게 춤까지 추며 흥에 겨워 노래를 부르는 아이다. 노래 부를 때 음이 다 틀려서 사람들이 막 웃는데도 꿋꿋하게 끝까지 다 부른다. 집에서는 큰 거울 앞에 서서 몸부림에 가까운 몸짓을 열심히 하면서 자주 춤 연습을 한다. 아이의 용감하고 자신감 있는 모습들이 아주 많았던 것이다.

그런데도 보경이의 그런 모습은 눈여겨보지 않고, 엄마인 나조차도 보경이를 단지 얌전한 아이로만 여겨 남 앞에선 아무것도 못 할 거라고 지레짐작했던 것이다.

우리는 너무 쉽게 아이들의 한 가지 면만을 보고 단정지어서 이야기한다.

'얌전하다', '호들갑스럽다', '말썽꾸러기이다', '게으르다'…….

 1장 두 아이를 키우면서 깨닫게 된 말하기 교육법

그리고 그런 단정적인 말을 계속 들으면 그 말은 아이의 머릿속에 차곡차곡 저장돼서, 아이는 자기 속에 담겨진 여러 가지 모습을 미처 다 꺼내지 못하고 그 한 가지 모습으로 자신을 규정해 버린다.

'말이 사람을 만든다'는 얘기가 있다. 특히 아이들은 내면의 세계가 성장하는 시기라 주변의 시선에 많이 좌우될 수밖에 없다.

보경이가 커가면서 계속 "얌전하다"는 얘기만 들었다면, '나는 늘 얌전해야 하는구나' 하고 스스로 자신에 대한 고정관념을 만들었을 것이다.

아직도 가끔 보경이를 처음 보는 사람들은 아이의 머리를 쓰다듬으며 마치 큰 칭찬인 양 말한다.

"아이가 참 얌전하네요."

그러면 나는 이렇게 대답한다.

"아니에요. 우리 보경이는 늘 얌전하기만 하지 않아요. 춤도 잘추고 노래도 잘하고 얼마나 활발한데요. 우리 아이한테는 카멜레온처럼 다양한 모습이 있답니다."

자신과 가장 가까운 엄마, 아빠가 이렇게 말하는 걸 듣는 아이는 그 말을 믿고 자신의 다른 면을 스스

로 찾아내기 시작한다.

사람들은 다양한 모습과 성격을 자기 속에 담고 있는데, 다만 어떤 걸 더 많이 가졌는지 정도의 차이만 있을 뿐이다. 약간 두드러진 특성을 보고 아이를 규정짓는 것은, 아이가 자라면서 자신을 그 틀에 맞춰버리게 만드는 위험한 일이다. 아이들의 가장 기본적인 생활터전인 가정에서부터 아이들의 다양한 모습을 발견해줘야 한다.

이제 난 우리 보경이가 얌전하다고 걱정하지 않는다.
지금 보경이는 얌전하고 의젓하면서도 아주 발랄하고
명랑한 제 또래의 모습이다.

3. 고갯짓으로만 말하던 보경이

"보경아, 밥 먹을래?"

(소리 없이 고개만 가로젓는다.)

"맛있는 반찬 해줄게. 햄 구워줄까?"

(또 고개를 흔든다.)

"고기 반찬 해줄까? 닭고기 볶음 해줄까?"

(고개를 끄덕인다.)

보경이는 고개를 끄덕이는 걸로 모든 표현을 했다.

할머니가 키울 때, 귀한 손녀 기분 맞춰주는 식구들 덕에 보경이는 가만히 고개를 끄덕이기만 하면 됐다. 보경이가 힘들게 이야기하지 않아도 주변에서 알아서 다 해준 것이다. 말이 필요 없는 생활에서 보경이는 고개로만 이야기하는 버릇이 들었다.

나와 얘기할 때도 보경이의 끄덕이는 버릇은 여전했다.

나는 보경이와 얘기를 나눌 때마다 답답하기도 하고, 대화를 하면서 끄덕이기만 하는 모습이 좋지 않아 보였다. 무엇보다도 '저러다 수동적으로 생활하는 게 몸에 배는 거 아닐까. 정말 원하는 게 아닌데도 대충 인정하는 건 아닐까?' 하는 걱정이 들었다.

우리나라에선 '이심전심'이라는 속담처럼 남이 알아서 자기 맘을 헤아려주길 바란다. 하지만 어떻게 다른 사람의 마음을 그 사람 자신보다 더 잘 알 수 있겠는가. 말로 표현하고 대화를 통해 서로의 마음을 이해하는 의사소통 방법을 배우는 건 정말 중요하다.

'어떻게 하면 보경이가 자기 의견을 말로 표현하게 할 수 있을까?'

나는 고민하기 시작했다.

말수가 적은 아이에게는 말할 기회를 주고, 무엇보다도 아이가 말할 수 있게 기다려주고 시간을 주어야 한다. 그래야 아이는 무슨 말을 할까 고민하고 자기를 표현할 수 있다.

보경이가 고갯짓으로 의사표현을 할 때마다, 나는 이렇게 말했다.

"보경아, 엄마는 보경이의 마음을 들여다볼 수 없어. 그러니까 보경이가 말로 마음을 보여줘야 해."

이때 아이에게 말을 시켜놓고 딴 일을 하거나 관심을 기울이지 않으면 아이는 금세 말할 의욕을 잃는다. 엄마는 아이를 따뜻하게 바라보면서 마음을 다해 기다려줘야 한다.

"보경아, 어린이집에서 뭐하고 놀았니?"

"음…… 음……."

역시 머뭇머뭇거리며 이야기를 시작하지 못한다.

기다리기로 마음은 먹었지만, '네가 한 일인데 그것도 몰라' 하면서 속으로 짜증이 나는 건 어쩔 수 없었다. 하지만 걸음마를 시작한 아이에게 당장 뛰라고 할 수 없듯이, 말을 배웠어도 말할 기회가 없었던 아이에게 처음부터 너무 많은 걸 바라지 않기로 했다.

"장난감 갖고 놀았니?"

(고개를 끄덕인다.)

"소리를 내서 대답해줄래?"

"네."

이때 제대로 대답하지 못하는 아이를 주눅들게 해선 안 된다. 다시 한 번 다정한 목소리로 이야기한다.

"아, 그렇구나. 어린이집에서 장난감 갖고 놀았구나. 그러면 보경이가 한 일이니까, 제대로 다시 한 번 얘기해줄래?"

"어린이집에서 장난감 갖고 놀았어요."

"그래, 엄마는 보경이가 어린이집에서 무슨 일을 했는지 다 알

수가 없잖아. 보경이가 말로 보여줘야지. 그래야 우리 보경이가 어린이집에서 뭐하고 놀았는지, 재미있었는지 잘 알 수 있거든.”

(다시 고개를 끄덕인다.)

“아니, 소리로 들려줘야지. 보경이가 말로 해야지 엄마가 잘 알 수 있거든.”

“네.”

처음에 아이들은 상황을 말로 어떻게 표현해야 할지 막막함을 느끼기 때문에, 제대로 자기 의사를 표현하는 연습이 필요하다. 아이가 얘기를 잘 풀어내지 못하면, 엄마가 아이의 얘기를 듣고 정리해서 다시 말해주는 것도 좋은 방법이다. 그 말을 들려주고 다시 아이에게 따라하게 하면 아이들은 달라지기 시작한다.

그때 아이에게 억지로 시켜서, 말을 못하는 것에 대해 부담을 느끼게 해서는 안 된다. 말하는 것에 부담을 느끼게 되면 아예 말문을 닫는 경우도 있다. 말로 정확하게 표현하는 게 자신이 원하는 걸 얻을 수 있는 가장 좋은 방법이라는 걸 아이들이 깨닫게 해줘야 한다.

이제 보경이는 자기 의사를 말로 똑똑하게 표현한다.
“보경이는 어떤 반찬이 먹고 싶니?”
“음…… 난 양념불고기가 제일 좋아. 그게 먹고 싶어요.”
“그래 오늘 저녁엔 맛있는 불고기를 만들어야겠구나.”

 1장 두 아이를 키우면서 깨닫게 된 말하기 교육법

4. 단어로만 말하고 말끝을 흐리던 보경이

"보경이는 어디 사니?"

"어은동."

"그럼 누구하고 함께 왔니?"

"엄마."

다섯 살 보경이는 앞뒤 말들은 싹둑 잘라내고 단어로만 대답을 대신했다. 고개를 끄덕이는 말버릇과 함께 보였던 보경이의 말습관이었다. 단어로만 표현하는 게 익숙해진 보경이는 다음 말을 어떻게 해야 할지 몰라했다.

"엄마, 유진이가 놀이터에 놀러가자고……."

"뭐라고?"

"유진이가 놀이터에 가자고……."

"유진이가 어떻게 했는데?"

"아까 얘기했잖아."

보경이는 목소리도 작은데다 단어로만 말하고 말끝을 흐렸다.

아이들은 뭐라고 얘기할지 잘 모를 때나 어른이 잘 알아듣지 못했으면 하고 바랄 때 말을 흐린다.

아이가 말문이 트이면서 처음에는 단어로 말을 배우기 시작하는데, 그럴 때 적당한 표현을 가르쳐주기보다 부모가 아이 말을 알아서 해석하고 아이가 말을 다 하지 않아도 아이 마음을 알아내면, 아이는 단어로만 얘기하면서도 별 불편 없이 지내게 되어 그런 말버릇에 익숙해지는 것이다.

할머니의 각별한 보살핌 속에 자란 보경이도 별로 말할 필요가 없는 환경에서 자랐다. 그러다 보니 보경이와 대화를 나눌 때는 신경을 쓰지 않으면 무슨 말을 하고 있는지 알아들을 수가 없었다.

어리니까 그냥 대충 말해도 된다고 생각하고 아이 말을 무심히 흘려듣는 경우가 많지만, 나이를 먹는다고 어느 날 갑자기 제대로 말을 잘할 수 있는 게 아니다. '세 살 버릇 여든까지 간다'고 한 번 몸에 밴 말 습관은 정말 고치기 힘들다.

그러나 아이가 어릴 때 제대로 말하는 연습을 꾸준히 하다 보면 쉽게 달라지기도 한다. 나는 보경이가 단어로 얘기하면 문장으로 만들도록 이끌어주고 아이에게 다시 표현하도록 연습시켰다.

"보경이네 가족을 소개해볼래?"

"엄마, 아빠, 동생, 그리고 나."

“보경아, 조금 더 자세하게 얘기해보렴.”

“엄마, 아빠, 동생 태윤이가 있어요.”

그러면 나는 보경이의 대답에 이렇게 덧붙여서 다시 말해주었다.

“우리 가족은 회사에 다니시는 아빠, 말하기교실을 하는 엄마, 씩씩하고 멋진 나 보경이, 그리고 예쁜 여동생 태윤이, 이렇게 네 식굽니다.”

처음엔 엄마가 이렇게 좀더 구체적으로 문장을 만들어주며 아이한테 연습을 시켜보는 것이 좋다. 아이가 문장으로 표현하지 못하면 부모가 문장을 만들어서 들려주고 그 문장을 다시 따라하게 한다. 그리고 아이가 말을 따라하는 동안 따뜻한 마음으로 기다려준다. 아이가 천천히 다시 말할 수 있도록 말이다.

자꾸 말할 때마다 이렇게 완전한 문장으로 말하게 연습을 시키다 보면, 아이는 얼마 지나지 않아 당연하게 문장으로 만들어서 표현한다.

어느 정도 문장으로 말하기에 익숙해지면, 아이가 좋아하는 물건을 선택해 세부적으로 표현하는 대화를 나눠보는 게 좋다. 그러는 사이 아이의 표현력은 몰라보게 늘어난다.

말끝도 “했어요”, “했습니다”까지 또렷하게 표현하도록 한다.

보경이가 “엄마, 유진이가 놀이터에 놀러가자고……” 이러면 나는 이렇게 했다.

“보경아 말할 때는 끝까지 정확하게 얘기해주렴. ‘유진이가 놀이터에 놀러가자고 해요'라고."

주의해야 할 것은, 아이가 직접 생각하고 표현하는 게 중요하기 때문에, 아이가 할 말을 계속 엄마가 정리해주면 안 된다는 것이다.

많은 부모들이 아이가 자라면서 저절로 배우게 되는 게 '말'이라고 여긴다. "아이가 말 때문에 스트레스 받는 게 싫어요"라고 애기하는 부모들도 때때로 있다. 그러나 말하기를 갈고 닦는 과정중에 잘못된 말버릇을 들이지 않도록 말을 배우면서 말에 대한 긴장감을 가지는 것은 어느 정도 필요한 것이다.

학교에 들어간 보경이는 이제 제법 정확하게
자기 생각을 논리적으로 표현한다.

5. 작은 목소리로 웅얼거리던 보경이

큰아이 보경이는 덩치도 좋고 키도 큰 편이라 사람들이 제 나이보다 더 보는 편이다. 한 끼에 밥을 두 그릇 먹기도 하고 가리는 것 없이 잘 먹어 체력도 아주 좋다.

그런데 말소리를 들어보면, 죽도 한 그릇 못 먹은 아이처럼 힘이 없고 웅얼웅얼거린다. 보경이와 얘기를 하다 보면 마지막 결말은 이랬다.

"힘있게 이야기 좀 해봐. 한 번에 알아들을 수 있게 이야기를 해봐."

나는 답답한 마음에 목소리가 작아 잘 알아들을 수 없다고 아이를 야단만 쳤다. 그러면 아이는 항변하듯 대답했다.

"이게 제일 큰 소리라니까!"

그러나 시간이 지나도 야단만 늘어날 뿐, 아무리 말을 시켜봐도 보경이는 쉽게 바뀌지 않았다. 오히려 보경이는 점점 입을 다

물더니 급격하게 말수가 적어졌다. 어리광도 피우지 않고 엄마를 피하면서, 목소리 작아도 자기 말을 잘 들어주는 아빠만 찾았다.

그렇다고 그냥 놔두고 볼 수만은 없었다. 우선 보경이가 말하는 모습을 주의 깊게 살펴보았다.

자세히 보니, 보경이는 말할 때 입을 크게 벌리지 않고 입 모양이 거의 움직이지 않았다. 저런데도 말이 나오나 싶을 정도였다.

그동안은 작은 목소리로 말해도, 남들이 자기 말을 잘 알아듣지 못해도 별로 불편한 게 없었던 것이다. 할머니나 주변 사람들 모두 귀엽게만 봐주고 다들 알아서 잘해줬기 때문이다.

하지만 언제나 자신만을 위해주는 상황에 있을 순 없는 법.

아이나 어른이나 목소리가 작으면, "나이답지 않게 차분하다", "조용한 성격이라서 그런가 보다"는 평가를 듣게 된다.

물론 목소리 크기는 사람마다 다를 수 있다. 그렇지만 선천적으로 결함이 있어 작은 게 아니라면, 대부분 제대로 말하는 방법을 몰라서 목소리가 작은 경우가 많다. 그리고 원래 작은 목소리를 갖고 태어난 아이가 아니더라도 아이들은 입 앞이나 목에서 소리를 내기 때문에 말소리가 작은 경우가 많다.

보경이도 어떻게 해야 소리가 크게 나오는지 알지 못했던 것이다. 누구도 말을 제대로 할 수 있는 방법을 알려주지 않았으니 말이다.

먼저, 아랫배에 힘을 주고 소리가 배에서부터 시원하게 올라오게 하는 연습을 통해 정확하고 똑똑한 음성을 내는 힘을 기르게 했다. 그리고 입 모양을 바르게 하여 소리내는 연습을 했다.

목청을 가다듬고 보경이와 함께 거울 앞에 섰다.

"아 에 이 오 우."

"아 에 이 오 우."

"그냥 따라만 하지 말고 네 입 모양을 잘 보면서 하렴."

"아 에 이 오 우."

"이번엔 엄마 입 모양도 자세히 봐야 해."

"아 에 이 오 우."

똑같은 말을 따라하게 하면서 나는 내 입 모양을 보경이에게 자세히 보여주었다. 자신의 입 모양과 엄마의 입 모양이 다른 걸 보고 보경이는 놀라워했다.

무엇을 배울 때 기본을 제대로 갖추려면 폼부터 잘 배워야 한

다. 그런데 대부분 사람들은 말은 당연히 저절로 하는 거라고 생각한다. 그러나 말도 제각각 모양이 있다.

그렇기 때문에 말도 제대로 배워야 한다. 발음에 따라 하나하나 입 모양을 익혀주고 발음에 맞게 입 모양을 부지런히 움직이도록 연습해야 한다.

"(들릴 듯 말 듯한 목소리로) 엄마, 나 유현이가 갖고 있는 장난감 청소기 갖고 싶어."

"뭐라고? 잘 모르겠는데? 다시 한 번만 이야기해줄래?"

"(제법 큰 소리로) 장난감 갖고 싶다고."

"미안한데 제대로 다시 한 번 이야기해줄래?"

"유현이가 갖고 있는 장난감 청소기가 갖고 싶어요."

"그래, 알았어. 나가는 길에 장난감 사줄게. 그런데 앞으로는 한 번만에 알아들을 수 있도록 이야기해줄래?"

"네."

똑똑한 말소리로 정확하게 소리내어 자기 마음을 또렷하게 표현할 때 원하는 걸 얻을 수 있다는 것도 보경이에게 알려줬다.

이제 보경이는 똑똑한 목소리로,
또박또박 입 모양을 만들어 '제대로' 말을 한다.

　1장 두 아이를 키우면서 깨닫게 된 말하기 교육법

6. "No"라고 말하지 못하던 보경이

보경이가 다섯 살때, 동네 이웃에 사는 내 친구가 아이들을 데리고 우리 집에 놀러왔다.

마침 그 집 아이가 보경이랑 같은 또래여서, 과자를 준비해 작은 방에 아이들을 들여보내 함께 놀게 했다. 거실에서 친구와 한참 수다를 떨고 있는데, 갑자기 애들 방에서 보경이 우는 소리가 나는 게 아닌가.

놀란 마음에 들여다보니, 내 친구의 아이들이 보경이한테 장난감을 던지며 놀려대고 있었다. 그런데 보경이는 울면서도 하지 말란 말 한마디 못 하고 그 자리에서 장난감으로 맞기만 하고 있었다.

마음이 너무 아프고 화도 났지만 친구 아이들을 야단칠 수도 없었다. 친구가 대신해서 제 자식들을 혼냈지만, 나는 너무 속상한 마음에 나도 모르게 보경이한테 소리를 쳤다.

"울지 마! 시끄러워. 방이 왜 이렇게 지저분하니. 빨리 정리해
놔!"

우는 아이를 달래진 못할망정, 오히려 나는 아이를 야단만 쳤다.

매번 그랬다. 보경이는 누가 자기를 못살게 굴어도 내색하지
않고 꾹 참다가 끝내 그냥 울어버린다.

그렇다고 엄마가 나서서 상대 아이를 혼냈다가는 아이 싸움이
어른 싸움 된다고, 알고 지내는 처지에 그것도 쉬운 일이 아니었
다.

"너를 때리면 너도 한대 크게 때려줘" 이렇게 가르칠 수도 없
고 앞으로도 계속 당하는 걸 볼 수도 없고.

이럴 때야말로 자기 의사를 정확하게 표현할 줄 아는 태도가
필요하다. 행동보다도 더 강한 말의 힘이란 게 있다.

아이들은 상대방이 약자라고 여겨지면 골려주거나 때리거나
하는 경우가 있다. 이럴 때, 당하는 아이가 화내지 않고 그냥 가
만히 있으면 상대 아이는 그게 그렇게 나쁜 짓인 줄 모르게 된다.

나는 보경이에게 남을 괴롭히는 일은 나쁜 일이라는 걸 알려주
고, 다른 아이가 때릴 때는 단호하게 "하지 마"라고 말해야 한다
고 일러줬다. 말로 화내는 건 자신을 보호하는 일이고 당연한 거
라고 말이다.

그리고 다툼은 서로 얘기를 통해 해결하라고 당부했다. 그건
사실 쉽지 않은 방법이긴 하지만, 그래도 어릴 때부터 대화를 통
해 서로 다른 입장을 이해하려고 노력하다 보면 그게 습관이 될

 1장 두 아이를 키우면서 깨닫게 된 말하기 교육법

것이다.

보경이는 학교에 들어가면서 부쩍 친구들을 자주 집에 데리고
온다.

어느 날 보경이는 친구와 놀다가 서로 피아노를 먼저 치겠다며
승강이를 벌이게 되었고, 급기야 보경이 친구가 보경이를 때리게
까지 되었다.

그런데 보경이는 울지도 않고 큰소리로 이렇게
얘기하는 거였다.
"때리지 마, 난 싸우기 싫어!"
그러고는 보경이가 말을 이었다.
"남을 때리는 거는 나쁜 짓이야. 그리고 피아노는 순서를
정해서 하자."

7. 자신감 없고 소심하던 보경이

보경이는 미끄럼을 타는 것은 엄두도 못 냈고, 놀이터에선 앉아서 흙놀이나 하는 게 고작이었다.

네 살 때 베개 위에서 뛰어내리면서 "엄마, 나 너무 잘하지?" 하면서 스스로 감동했을 정도다.

정글짐이나 회전놀이 기구, 하물며 그네까지…… 조금이라도 어려워 보이는 건 해보려고도 하지 않고 장난감이나 컴퓨터같이 또래들이 신기해할 물건들에도 별로 호기심을 보이지 않았다.

보경이는 처음 해보는 것에 대해서는 고개부터 저으며 "못 한다"는 말을 먼저 했다.

모처럼 날을 잡아 놀이동산에 갔을 때도, 거의 흔들림이 없는 동물차에 올라타기도 전에 보경이는 울기부터 했다.

어떻게 하면 한 번이라도 하게 할 수 있을까?

"엄마랑 한 번 타보자. 재미있다니까."

“싫어. 무섭단 말야.”

“한 번은 해보자…….”

“…….”

아이는 여전히 주저했다. 계속 어르고 달랬지만, 여간해서 보경이의 마음을 움직일 수가 없었다.

그러나 나는 기회의 중요성을 아이에게 알려주고 싶었다.

“해보지도 않고 무조건 무섭다고 하면 다시는 이걸 탈 수 없을지도 몰라. 무슨 일이든 기회는 자주 오는 게 아니거든.”

“그러면 한 번 해볼게요.”

아이는 울먹거렸지만, “꼭 한 번은 해보자고, 그래도 못 하겠으면 그때 그만두자”고 약속하고 올라탔다. 그리고 의외로 씩씩하게 놀이기구를 타고 내려왔다.

“보경아, 놀이기구 탄 소감이 어때?”

“재밌어.”

“좋았어! 씩씩하게 놀이기구도 타고 보경이 멋진걸.”

아이가 용기를 내서 한 일이라 칭찬도 많이 해줬다.

나는 보경이가 새로운 일에 도전해서 성공해내면 아무리 사소한 일이라도 많은 칭찬을 해줬다.

누구나 새로운 일에 도전해서 성공하고 인정받으면, 스스로에 대해 긍정적으로 생각하고 다른 일에도 적극적으로 행동하게 된다.

그렇다면 새로운 것에 대한 두려움을 어떻게 극복할 수 있을까?

때로 말로 마음의 두려움을 막을 수 있다. 나는 무엇이든 새로운 일에 마주치면 이 말을 하라고 보경이에게 가르쳤다.

"꼭 한 번은 해볼게요."

아이는 반은 호기심에 반은 억지로 조금씩 용기를 냈고, 그러면서 해보겠다는 것들이 늘어가며 새로운 것에 대해 마음을 열어갔다.

며칠 전부터 거실에서 보경이가 체육시간 과제라며 훌라후프를 연습한다. 열심히 하는데 며칠이 지나도 한 개를 넘기지 못했다. 운동신경이 못 따라주는 게 아닐까, 하는 생각까지 들 정도였다.

그런데 며칠이 지났을까…… 어느 날 보니 보경이 허리에서 훌라후프가 술술 돌아가고 있는 게 아닌가. 그것도 한두 번에서 끝나는 게 아니라 십 단위가 넘어가고도 계속 이어졌다.

이제 보경이는 배우는 것에 뭐든지 적극적이다.
걸어 다니면서 훌라후프를 신나게 돌린다.
줄넘기 실력도 대단하다.

둘째아이 태윤이를 키우면서

둘째아이 역시 큰아이처럼, 태어나자마자 할머니 손에서 자랐다.

친정에서 아이들을 데리고 왔을 때, 큰아이 보경이는 다섯 살, 태윤이는 막 돌을 넘겼다.

결혼하고 7년 동안 나와 남편은 각자의 근무처인 마산과 대전에서, 아이들은 친정집인 부산에서 살았다. 우리 식구는 주말에 만나는 그야말로 세 집 살림 가족이었다.

두 아이를 집으로 데려왔을 때, 처음엔 온 식구가 함께 모여 살게 된 것만으로도 너무나 행복한 나날이었다.

하지만, 그 기쁨도 몇 달. 집안일을 하면서 아이 둘을 돌보는 데에 점점 지쳐가기 시작했다.

보경이의 육아를 전적으로 친정어머니의 손에 의지했었기 때문에 사실 둘째아이를 키우는 게 마치 첫아이를 키우는 것만큼 낯설고 익숙하지 않은 일이었다.

나는 아이들을 대하면서 점차 짜증이 늘어갔다. 그런데 태윤이는 새로운 환경에서 두려움이 앞섰는지 처음엔 내 곁에서 잠시도 떨어지지 않으려 했다. 아예 내 몸에 달라붙어서 꼼짝도 못 하게

48

했다. 심지어는 화장실 가면서도 안고 들어가서 볼일을 봐야 할
정도였다.

　그러던 어느 날 아이는 새로운 환경에 힘들었는지 심하게 아팠
다. 열이 펄펄 나는 아이 곁에서 어떻게 해야 할지 허둥대다가 아
이를 업고 꼬박 밤을 샜다. 아이 앞에서 쇼도 하고 이야기도 들려
주고 엄마가 얼마나 힘든지 상황도 얘기하고 많이 아프냐고 아이
에게 끊임없이 물어보면서 이틀 밤을 샜다.

　그렇게 이틀을 지내면서 이런 생각이 들었다. 아이를 키우는
내가 행복해야 아이들에게도 행복을 줄 수 있는데 이렇게 하다가
는 모두가 힘들어지게 될 거라는 생각.

마음을 강하게 먹고 새로운 관계를 만들기로 했다.

"엄마는 할 일이 여러 가지 있어. 태윤이만 하루종일 안아줄 수 없단다."

아이는 쉽게 포기하지 않았지만, 인내심을 갖고 따뜻한 눈길로 며칠간 아이를 달래고 어르고 설득해나갔다.

엄마가 애쓰는 모습에 봐주기로 했는지, 아니면 엄마의 말을 알아들었는지 아이의 모습은 달라지기 시작했다. 그리고 그때부터 태윤이에게 나의 말걸기를 시작했다.

말문이 트이고 한창 말을 배워나가기 시작하는 시기라 아이의 말솜씨는 하루하루 늘어갔다.

직장생활로 일주일에 한 번씩 만났던 큰아이 때는 아이의 말 성장과정을 제대로 지켜보지 못했기 때문에, 태윤이가 한 단어씩 입으로 새롭게 만들어가는 모습은 신기한 경험이었다.

아나운서 일을 접고 나서 아이들의 말하기에 큰 관심을 갖고 있을 때라 태윤이의 말하기는 생생한 말의 성장과정처럼 느껴졌다.

시기마다 태윤이의 '말하기'에 대한 기억을 떠올려봤더니, 큰아이 보경이의 말하기 문제점을 고치는 방법을 태윤이는 말을 배우는 과정에서 자연스럽게 익혀나갔음을 알 수 있었다.

반복되는 내용이 많지만 아이의 성장 시기별로 관심을 기울여야 할 내용이라 다시 한 번 글로 옮겼다.

8. 말걸기를 통해 언어 자극 주기 태윤이 0~1세

언어 습득도 마찬가지다. 대부분 아이는 자라면서 저절로 말이 트이기 시작하지만, 주위 환경에 따라 그 능력은 크게 달라질 수 있다.

그렇기 때문에 태어난 그날부터 여러 가지 말을 들려주는 것이 좋다. 아이가 당장 그 말들을 쏟아내지는 못하겠지만 그것은 아이의 말을 성장시키는 밑거름이 된다.

"저는 놀아줄 시간도 없지만, 놀아주지 않아도 아이가 혼자서 잘 놀아요."

바쁜 맞벌이 부부 중에는 혼자서 잘 노는 아이를 기특해하는 경우가 있지만, 이런 아이 중에는 말이 늦는 아이들이 있다.

0세에서 1세까지 아이는 무엇이든지 받아들이는 놀라운 흡수력을 발휘하기 때문에, 아이와 놀이를 하거나 장난감을 갖고 놀 때도 엄마가 모든 걸 말로 표현하면서 자극을 줘야 한다. 아이에게 다양한 말을 들려주면서 하나씩 하나씩 반복해서 들려주는 방식이 가장 중요하다.

"나무로 만든 장난감을 갖고 놀고 있구나. 이 장난감은 나무로 만들었구나. 나무로 만든 장난감 만지니까 어떠니? 엄마하고 같이 나무로 만든 장난감 갖고 놀까? 나무로 만든 장난감이 잘 굴러가네."

이렇게 반복해서 들려주면 아이의 기억이 커지고 시간이 지날수록 문장으로 표현하는 데 익숙해지면서 자신 있고 또렷하게 말하게 된다.

말을 걸 때는 따뜻한 눈빛으로 아기를 바라보면서 해야 한다. 그러면 아기는 마음이 편안해지고 부모의 입 모양이 신기해서 더 열심히 쳐다보고 관심을 갖는다.

0~1세 말하기 특징

★ 친숙한 소리에 몸짓을 하고 안다는 표시를 한다.

★ 타인의 대화에 귀를 기울이며 듣는다.

★ 물체와 생활과 관련된 주요 단어를 이해한다.

★ 말로 하는 간단한 지시에 따르려고 한다.

★ '빠이빠이'에 손을 흔드는 것과 같은 몇 개의 몸짓언어를 사용한다.

★ '엄마', '물', '빠이빠이', '맘마' 같은 의미 있는 단어를 하나 이상 말한다.

★ '오', '어유' 같은 적절한 감탄사를 낸다.

★ 간단한 새로운 단어를 모방하려고 시도한다.

 1장 두 아이를 키우면서 깨닫게 된 말하기 교육법

★ 다양한 억양으로 재잘거린다.

★ 말하고 싶은 대상물을 부분단어로 표현한다.

(아빠─빠, 물─무, 우유─우, 할아버지─합니, 할머니─하니)

아기의 오감을 자극하면서 감각을 키워가야겠지만
이 시기에 가장 중요한 것은 부모가 아이에게
많은 말을 해주면서 언어 발달을 돕는 것이다.

9. 인내심을 가지고 반복하고 설명하기 태윤이 1~2세

아이가 뭔가를 요구하면서 단어로 자기 의사표현을 조금씩 시작하면, 엄마는 그 사물의 정확한 이름을 알려주고 아이가 말한 단어를 문장으로 만들어서 천천히 한 자 한 자 되풀이해서 들려주도록 해야 한다.

태윤이가 말을 막 시작할 때부터 내 무릎에 앉히고 입 모양을 보여주면서 문장으로 말하는 걸 가르쳤다.

다행히 아이는 소리에 크게 관심을 가졌고 입 모양이 달라지는 것에 흥미를 느끼고 신기한 듯이 쳐다봤다.

태윤이가 "엄마 무" 하면 "음…… 물 달라고. 물 주세요. 엄마 목이 말라요, 물 주세요, 엄마, 목이 말라서 물 먹고 싶어요. 이렇게 얘기하는 거야."

이렇게 대답하고는 천천히 하나하나 입 모양을 보여주면서 문장으로 표현해줬다.

당연히 한두 번 해서 효과가 나타나지는 않는다.

하지만, 아이는 엄마의 입 모양이 달라지고 소리도 다르게 들리니까 입 모양에 큰 관심을 보이면서 집중했다. 그리고 몇 마디 안 되는 말이지만 입 모양을 흉내내면서 제법 또렷하게 따라했다. 그러면서 차츰 몇 마디씩 따라하는 말이 늘어나고 또래 아이들과는 달리 문장으로 말하는 법에 훨씬 빨리 익숙해졌다.

말 배우기엔 왕도가 없다. 말하기 요령을 알려주고 끊임없이 반복하는 것이 가장 좋은 방법이다.

장난감을 가지고 놀 때나 밥을 먹을 때 생활 속에서 아이와 함께하는 동안 모든 걸 말로 표현해줬다. 많은 말을 해주는 것도 좋지만, 같은 말을 되풀이해주되 처음엔 천천히 또박또박 얘기하고 그 다음엔 자연스럽게 얘기하는 것이 중요하다. 그러면 아이는 말의 의미나 상황들을 정확하게 익혀간다.

그리고 이 시기의 아이들은 말을 배우고 걸어다니기 시작하면서, 신기하고 새로운 것에 큰 관심을 보이며 위험한 행동을 많이 하고 실제 다치기도 한다. 그 모습을 지켜보는 부모는 잠시도 마음을 놓을 수 없어 안절부절못하면서 시도 때도 없이 소리를 지르게 된다.

"하지 마!"

"안 돼!"

"하지 말라고 했는데 똑같은 걸 왜 자꾸 만지니?"

"말 좀 들어!"

하루에도 몇 번씩이나 쉴새없이 소리를 지르면서 마음속으로
는 '이러지 말아야지' 하는 반성도 해보지만 좀처럼 쉽지 않다.
그리고 이런 말을 줄곧 듣고 자란 아이들은 그런 부정적 표현에
익숙해지고 그런 말버릇을 따라가게 된다.

이럴 때는 아이가 부모의 설명을 이해하지 못할 것이라고 지레
짐작하지 말고 왜 위험한지, 왜 하면 안 되는지 정확히 이유를 말
해주는 게 좋다.

1~2세 말하기 특징

★ 흥미 있는 것에 집중하는 시간이 적어도 1분 정도는 된다.

★ 말로 하는 간단한 지시에 따르려고 한다.

★ 단어들 사이의 차이점을 구별하기 시작한다.

★ 의미 있는 5개 이상의 단어를 사용한다.(가족 이름, 장난감 이름, 음식 이름,
일반 사물의 이름)

★ 여러 가지 자음이 포함된 다양한 소리와 단어를 만든다.

★ 몸짓 표현 없이 단어 표현만으로도 사물을 요구한다.

★ 놀이중에 환경소리를 모방한다.(자동차—빵빵, 호랑이—어흥)

★ 약 30개 이상의 단어를 말한다.

★ 가정에서 익숙한 사물의 이름을 말한다.

★ "아빠 어디 갔니?"라는 질문에 "어이……" 하고 대답한다.

★ 2개 이상의 단어를 결합해서 한 문장을 만든다.

★ "아빠 빠이빠이", "엄마 안아", "엄마 일어나", "빵 더 줘", "줘", "주세요"라고

자신의 욕구를 말한다.

★ 가끔씩 3단어로 구성된 문장을 사용한다.(문 열어주세요, 아빠 회사 가.)

이 시기는 무엇보다도 아이의 끝없는 호기심에
현명하게 대응할 수 있는 부모의 인내가 필요한
시기이기도 하다.

10. 동화책 읽어주며 질문 던지기 태윤이 2~3세

"태윤아, 지금 호랑이가 누굴 만났니?"

"토끼."

"'호랑이가 토끼를 만났어요' 이렇게 대답하면 좋아."

그러면 아이는 열심히 따라한다.

다음 글을 한참 읽다가 "호랑이가 지금 어디로 가고 있니?" 하면 가르친 보람도 없이 너무나도 씩씩하게 "집" 하고 대답한다.

"'호랑이가 집에 가고 있어요' 이렇게 하는 거야."

"응. 호랑이가 집에 가고 있어요."

아이가 말할 수 있는 기회가 있을 때마다, 단어로만 성의 없이 얘기하기보다 끝까지 정확하게 문장으로 말하도록 이끌어주면 아이의 표현력을 키울 수 있다.

처음엔 어렵지만 아이는 점차 말을 문장으로 정확하게 끝까지 하는 것이 입에 익게 된다.

어릴 때부터 책을 많이 읽어주었는데도 말하는 게 늦되고 발음이 정확하지 않다고 걱정하는 부모들이 간혹 있다. 책을 읽어만 주는 것보다는 책을 되풀이해서 읽어주면서 책 속의 이야기를 계속 물어보고 엄마 생각도 들려주면 아이는 더욱 더 적극적으로 말한다.

글이 너무 많고 복잡한 이야기보다는 처음에는 쉽고 재미있는 책으로 아이를 집중시키고 금방금방 느껴지는 것을 아이가 말할 수 있도록 해야 한다.

그리고 이 나이 때는 일생에서 가장 언어에 민감한 시기이다.

"쭈쭈 먹자."

"띠띠 빵빵 간다."

"그거 지지야, 만지지 마."

"코 자야지, 했쩌."

내 아이가 귀여울 땐 자기도 모르게 아이말을 흉내내게 된다.

하지만 그러면 오히려 아이가 언어장애를 일으킬 수도 있으므로, 어른이 아이에게 아이 말투로 말을 건네지 말아야 한다.

2~3세 말하기 특징

★ 주어와 동사를 사용해서 그림을 보고 간단한 3, 4개의 낱말로 문장을 만든다.

★ 400단어 이상 표현 어휘를 가진다.

★ 어휘 습득력이 빠르게 증가한다.

★ 동사와 결합해서 부정어를 사용한다.

★ 3단어로 만든 의문문을 쓴다.

★ '그리고', '그래서', '그러니' 등의 접속사를 써서 간단한 문장을 이어 만든다.

책을 함께 읽으면서 얻을 수 있는 효과 두 가지!
•문장으로 표현할 수 있다.
•같은 뜻이라도 다양하게 표현할 수 있다는 걸 배우며
표현력을 키울 수 있다.

 1장 두 아이를 키우면서 깨닫게 된 말하기 교육법

11. 아이의 말에 귀기울여 들어주기 태윤이 3~4세

이때는 아이의 말이 하루가 다르게 부쩍부쩍 늘어나는 시기이다. 아이는 도대체 어디서 그런 말을 배웠을까 싶은 단어를 사용하기도 한다.

이 나이 때 태윤이는 '심심해', '멋지네' 등 어른들이나 쓸 만한 표현을 써서 나를 놀라게 만들었다. 뭐든지 자신이 스스로 하려고 나서고 말도 참 많아졌다.

이때 나는 아주 말을 아끼는 느림보 엄마였다. 아이가 이야기하려는 것을 미리 얘기하지 않고, 어설프더라도 아이 스스로 이야기를 끝까지 하도록 기다려준 것이다.

말에 대해 흥미를 느끼지 않는 아이들도 아이들이 다녀온 곳, 본 것들을 실마리로 말머리를 시작하면 신나게 말보따리를 풀어 놓는다.

그런데 어느 날부터, 태윤이가 어린이집을 다녀오면 "친구가 날 귀찮게 했어", "누가 날 꼬집었어", "내 색종이를 빼앗아갔어" 같은 누군가에게 당했다는 얘기를 많이 했다.

그럼 "하지 마" 하고 크게 소리치라고 했더니 그렇게 했는데도 친구가 힘들게 한다고 했다.

몇 번은 그냥 아이의 마음을 위로하면서 들었는데 나중엔 온통 "싫다"는 얘기뿐이었다. 아이의 친구 관계가 걱정됐기도 했지만, 그것보다도 계속 투덜대기만 하는 아이의 말버릇이 더 걱정이었다.

그래서 그 이후로 나는 반응을 바꾸었다. 친구가 괴롭혔다고 말하면 "속상했겠구나" 하고 아이의 마음을 먼저 알아주고, 그러고 나서 재미있었던 일이 뭔지 꼭 물어봤다.

처음엔 "몰라" 하며 귀찮아하더니, 친구하고 재미있게 논 이야기를 기억해오면 상을 주겠다고 하니까 그제서야 뭔가 해봐야겠다는 의지를 보였다.

다음날, 나도 말을 건네는 방식을 바꾸었다. "오늘 무슨 일이 있었어?"라고 묻는 대신 "오늘은 뭐가 가장 재미있었니?" 하고 물었던 것이다.

아이는 기다렸다는 듯이 "민지하고 엄마놀이한 게 가장 기억나"하고 대답했다.

늘 불평하고 기분 나빴던 것만 기억하고 말하는 것보다는 즐거웠던 일, 재미있게 놀았던 걸 먼저 생각하고 말하다 보면 생각도, 말도 맑아지는 법이다.

3~4세 말하기 특징

★ 물건의 크기, 색깔, 모양, 기능에 대해서 설명할 수 있다.

★ "내가 공을 던졌는데 땅에 떨어졌어", "비가 와서 내가 우산을 썼어" 같은 복합문을 쓴다.

★ 전화를 받고 바꿔주기가 가능하다.

★ 메시지 전달이 가능하다.

둘째아이 태윤이는 지금 여섯 살, 자기 주장이 뚜렷하고 개성이 강한 아이다.

여섯 살인데 글에 관심을 가지면서 스스로 한글을 연습하더니 이젠 의미 구분을 확실히 하면서 책을 읽는다. 요즘은 특별히 배운 적도 없는데 이야기를 만들고 글로 써보인다.

이제 나는 내 아이와 말하는 것이 가장 즐겁다. 아이의 얘기를 흘려듣지 않고, 아무리 사소한 얘기라도 무시하지 않고, 아무리 유치한 얘기라도 진지하게 듣고, 서로 재미있게 이야기를 나눈다.

이것이 내가 태윤이와 말하는 방법이다. 그리고 이것이 내 아이들이 말하는 것을 즐거워하는 이유 중의 하나이다.

아이를 키우면서도, 그리고 아이들을 가르치면서도, 나는 조급한 마음이 없다. 아이들에게 말을 건네는 가장 중요하고 효과적인 원칙 하나를 알고 있기 때문이다.

그것은 바로 '따뜻한 마음으로 아이의 눈을 바라보면서 이야기하는 것'이다. 아이가 적극적으로 이야기를 해도 어른들이 건성으로 듣거나 대충 알아듣고 귀찮다는 듯이 대답하면 아이들은 말할 의욕을 바로 잃어버린다.

눈을 바라보면서 얘기하면 여러 가지 효과가 있다. 아이들이 시선을 산만하지 않게 말하고, 다른 사람이 이야기할 때 귀담아 듣고 주고받는 대화에 익숙해진다. 그리고 누군가가 귀담아들어 준다는 걸 아니까 속상한 일이 있어도 마음에 담아두지 않고 좋지 않은 마음을 말로 풀 수 있다.

바로 말하기의 힘을 아이들이 배우는 것이다.

태윤이를 키우면서 이것저것 여러 가지를 한 게 아니다. 내가 한 건 아주 단순한 것이었다.

말할 때 입 모양을 보여주면서 천천히 또렷하게 말하고 문장으로 얘기하면서 되풀이해서 들려주는 것.

나는 이 한 가지 원칙만을 열심히 따랐고
그것만으로도 태윤이는 똑똑하게 말하고 논리적으로
사고하는 아이로 자라났다.

 1장 두 아이를 키우면서 깨닫게 된 말하기 교육법

'말'
좀 봐주세요

말하기교실에
찾아오는 아이들

1. 숨차게 말한다

"어린이집에 다닐 때 또래보다 말을 잘 못한다는 얘기를 여러 번 듣긴 했어요. 하지만 말이 조금 늦되나 보다 하면서 별로 심각하게 여기지 않았거든요. 그런데 학교에 들어가서도 나아지기는커녕, 요즘은 아이가 말하는 걸 굉장히 힘들어해요. 말을 해도 엄마인 나조차 무슨 소리를 하는지 알아듣기 어려울 정도예요."

초등학교 3학년인 지민이를 말하기교실에 접수시키면서 했던 지민이 엄마의 하소연이다.

그 얘기를 들으며 잔뜩 긴장하고 있던 아이의 얼굴이 떠오른다. 그땐 말하기교실 자체가 지민이에겐 공포로 여겨졌을 것이다.

똘망똘망해 보이는 지민이는, 처음 만나서 인사로 몇 마디 나눌 때 목소리가 좀 작다는 것 말곤 사실 별다른 문제점을 느끼지 못했다. 속으론 말을 잘 안 하는 아이에 대한 부모의 지나친 우려가 아닐까 하는 생각까지 들었다. 그런데 말하기 정도를 알아보기 위해 책을 읽혀보고선 지민이 엄마의 걱정이 괜한 소리가 아니라는 것을 알았다.

내가 건넨 인사에 대해 짧게 얘기를 나눌 땐 차분했던 지민이의 목소리가 책을 읽으면서 갑자기 숨찬 목소리로 바뀌는 것이었다. 간신히 두 줄 정도 읽었는데, 꽤 집중해서 들어도 무슨 내용인지 제대로 파악하기 힘들 정도였다. 글이 어려운가 싶어 다시 아주 쉬운 글을 시도해봤지만 역시 지민이는 한 자 한 자 읽어가는 게 아주 힘들어 보였다. 옆에서 지켜보던 지민이 엄마의 얼굴은 금세 어두워지고 책을 읽던 지민이의 목소리는 점점 기어들어 가고…….

테스트를 끝낸 후, 지민이가 숨차게 글을 읽는다고 얘기했더니 어머니는 잘 알고 있다는 듯이 코에 염증이 있어서 그렇단다. 하지만 내가 보기엔 그게 원인은 아니었다.

지민이는 책을 읽으면서 무척 긴장하는 모습이 역력했고, 거기에다 아주 특이한 버릇을 보였다. 글자를 손가락으로 한 자 한 자 짚으면서 읽어가는 것이었다.

"코. 끼. 리. 아. 저. 씨. 가. 숲. 속. 마. 을. 로. 신. 발.(헉헉)을. 팔. 러. 왔. 어. 요.(쉬지 않고)코. 끼. 리. 아(헉헉) 저. 씨. 는. 신. 발. 보. 따리를……."

지민이는 띄어읽기가 제대로 안 됐고, 읽으면서 가끔 눈치를 보았다. 게다가 입을 거의 벌리지 않아서 말소리가 웅웅거리기까지 했다. 당연히 듣는 사람도 불안하고 무슨 말을 하는지 알아들

  2장 '말' 좀 봐주세요

을 수가 없다.

"코끼리 아저씨가 ∨ 숲 속 마을로 ∨ 신발을 팔러 왔어요."/

"코끼리 아저씨는 ∨ 신발 보따리를 메고서 ∨ 소리쳤어요."/

내가 먼저 문장성분별로 띄어읽으면서 지민이에게 따라하게 했지만 정확히 띄어읽는 건 그때뿐, 혼자 읽을 때는 다시 원래 모습으로 돌아가 띄어읽기가 엉망이 됐다.

어릴 때부터 말을 잘 못한다는 얘기를 들어온 지민이는 차츰 스스로도 그걸 마음에 담아놓은 것이다. 그러다 보니 책을 읽으면서도 무조건 잘 읽어야 한다는 강박관념이 생겨, 글자를 한 자씩 정확하게 소리를 내야 잘 읽는 거라고 알고 있었던 것이다.

평소에 품고 있는 말에 대한 불안감은 여러 가지 현상으로 나

타나는데, 지민이는 책읽기에 그 마음이 그대로 드러났던 것이
다.

말에 대한 지민이의 불안감을 없애기 위해, 우선 제대로 책 읽
는 방법부터 익혀나갔다.

먼저 띄어읽기를 단계별로 연습해서 정확하게 알려줬다.

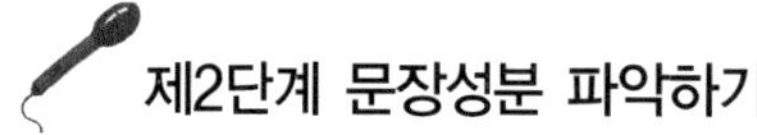

제1단계 연음의 원리 익히기

앞음절과 뒤음절이 연결돼서 소리나는 단어를 연습하도록 했
다.

지민이는 '꽃이'를 '꼳-이'라고 읽었다.

'꽃이'라고 할 때 '이'의 'ㅇ'은 소리가 없으니까 앞에 있는 '꽃'
에게 받침 'ㅊ'을 빌려달라고 한다. 그럼 'ㅊ'을 빌려줘 '꼬'만 남
고 '이'는 '치'로 소리난다.

꽃이 ⟶ 꼬치

이처럼 연음 현상이 일어나는 여러 가지 단어를 연습시켜서 연
음이 익숙하도록 했다.

그림이 ⟶ 그리미　　　잎이 ⟶ 이피　　　동물이 ⟶ 동무리

제2단계 문장성분 파악하기

한 자 한 자씩 읽는 것을 고치기 위해 한 단어를 한눈에 볼 수

있도록 연습을 했다.

먼저 단어들을 문장성분별로 동그라미를 쳐서 덩어리째 눈에 익히고 소리내어 읽도록 했다.

몇 번 읽은 다음, 이번엔 의미 구분을 해서 읽는 연습을 했다.

코끼리 아저씨가　숲 속 마을로　신발을 팔러 왔어요.
(누가)　　　　　(어디로)　　　(뭘 하러 왔니?)

코끼리 아저씨는　신발 보따리를 메고서　소리쳤어요.
(누가)　　　　　(어떻게 하고)　　　　(어떻게 했어?)

아이가 좋아하는 문장을 직접 선택하게 해서 여러 가지 문장을 같은 방법으로 연습했다.

무엇보다 중점을 두었던 건, 마음이 불안하지 않게 느리고 천천히 읽는 방식으로 연습을 되풀이하는 것이었다.

그리고 그렇게 연습한 지 채 한 달도 안 돼서 지민이는 한결 자연스럽게 책을 읽어나갔다.

숨차게 책을 읽던 것에서 벗어난 지민이는 요즘 말하기와 친해지기 위해 노력하고 있다.

말을 할 때 많이 긴장하며 힘들어하는 사람들이 있다.

남이 내 얘기를 잘 들어줄까 하는 마음에 말을 잘해야 한다는 부담감이 생기고, 그럴수록 말할 때마다 더 불안해지고 숨이 차면서 결국은 말을 입 안에서만 우물거리게 되고 마는 것이다.

지민이처럼 말하는 걸 힘들어하는 아이들은 먼저 책읽기를 통해서 입에서 편안하게 말이 나오도록 연습시키는 게 좋다. 그렇게 계속 연습하다가 자연스럽게 대화를 나누면서 말과 친해지게 만드는 것이다.

무엇보다도 아이 앞에서 자꾸 말을 못한다고 나무라거나 꾸짖어서 아이를 주눅들게 해선 안 된다. 아이의 말이 서툴더라도 집중해서 들어주고 정성스럽게 대화를 나눠서 아이가 말에 대해 편안한 마음을 갖도록 해야 한다.

평소에 말로 다가가는 편안한 징검다리를 만들어주면 아이들은 마음이 열려 있기에 어른들보다 쉽게 말과 친구가 된다.

2. 더듬는다

중학교 2학년인 민준이.

민준이 어머니는 민준이가 말을 시작할 때 자꾸만 말을 더듬는 다고 걱정하면서 말하기교실을 찾아왔다.

민준이는 목소리도 좋고 말도 조리 있게 하는 편인데, 말을 시작하면서 멈칫거리고 한 문장을 마치기도 전에 자꾸 처음으로 돌아가서 다시 얘기하는 버릇을 보였다.

민준이 어머니가 전해준 얘기로는, 민준이는 많은 부분에서 완벽하려고 하는 성격이라고 했다. 그래서 얘기를 하면서도 말머리를 정확하게 시작했나 궁금한 마음이 들고, 그걸 확인하려다 보니 말을 자꾸 되풀이하고 중간중간 멈칫거리는 것이었다. 그러면서 상대방의 눈치를 보거나 말을 버벅거리고 더듬게 되는 것이었다. 편안한 마음에서 자연스러운 말이 나오는 것인데, 민준이에게는 말하는 게 부담이 돼버린 거였다.

하지만 민준이는 초등학교 때까지는 말을 더듬는 버릇이 없었다고 한다.

"6학년 때 짝꿍이 말을 심하게 더듬었는데, 난 저렇게 되지 말아야겠다고 생각했어요. 그 생각이 너무 깊었는지 반대로 점점 더 말을 더듬게 되고, 더듬는 게 드러날까봐 이젠 말을 잘 안 하게 돼요."

입에서 나오는 말은 마음의 상태를 품고 있다. 민준이의 긴장되고 불편한 마음이 말에 그대로 나타나는 것이었다. 요즘은 중학생들도 학교에 학원까지 반(半)입시생이라 공부하기도 힘들 텐데, 민준이는 마음 한켠에 말에 대한 열등감과 불안함까지 쌓아가는 모습이 안타까웠다.

어떻게 하면 그 무거운 마음을 걷어낼 수 있을까?

칭찬 한 마디가 기적을 낳는다고 했던가. 사람을 달라지게 하는 데 가장 효과적인 도구 중의 하나가 바로 '칭찬'이다. 칭찬받고 격려받을수록 아이들은 자신감을 갖게 되고 그만큼 잠재력을 발휘하게 된다.

우선은 민준이가 말할 때 갖고 있는 장점들을 여러 번 얘기해줬다.

"너는 정말 좋은 목소리를 가고 있어. 그건 큰 행운이야. 네 말을 들으면 목소리가 좋아서 멋지게 들려. 그러니까 넌 말을 아주 잘할 수 있을 거야. 다만 좀더 힘있게 말한다면 생기 있고 윤기 있는 말이 될 거야."

나는 민준이의 장점을 말하는 가운데 부족한 부분도 알려줘서 조금씩 조금씩 말하는 습관을 고쳐나가도록 했다.

민준이는 자신감이 부족해서인지 말에 힘이 없어서인지 어조의 변화가 거의 없어 지루하게 들렸다. 거기다 떨리는 목소리에 말까지 더듬어 자신의 말에 집중하도록 상대방을 끌어들이지 못했다.

말에도 강약이나 리듬감이 살아 있어야 맛깔스럽게 들리고 상대방으로부터 호감을 살 수 있다. 그러기 위해선 말할 때 중요한 대목을 강조할 수 있도록 적절한 힘이 들어가야 한다.

리듬감을 살리면서 말하는 법을 익히도록 하기 위해, 한 문장에서 중요한 단어를 찾아서 강하게 소리내는 법을 민준이에게 가르쳤다. 글을 보고 그냥 쭉 읽는 게 아니라, 강조할 단어의 앞뒤를 띄어서 말하고 강하게 천천히 말하도록 연습을 시켰더니, 제법 말의 힘이 느껴지면서 목소리에 자신감이 묻어나왔다.

여기에 말의 느낌을 그대로 담아서 얘기하면, 말에 리듬감이 생기면서 밋밋하던 말에 생기가 느껴진다. 짧으면 짧은 느낌을 담고, 시원하면 시원하게, 힘들면 힘든 마음을 담아서 말하면 말이 생동감 있게 느껴지면서 듣는 사람도 재미가 있다.

그런 다음, 한 문장이 끝나고 다른 문장으로 넘어갈 때 쉬어읽기를 분명히 하도록 했다. 보통은 한 박자 정도 쉬고 넘어가는데, 민준이는 연습하는 동안 두세 박자 더 쉬었다가 넘어가는 식으로 연습했다.

일반적으로 약간 말을 더듬는 사람들은 쉽게 말을 꺼내지 못하는데, 이야기를 시작하기 전에 숨을 들이쉬고 내쉬면서 먼저 마음을 편하게 갖는 준비부터 하는 게 필요하다.

처음에 민준이는 힘들다는 표정으로 마지못해 따라하더니 한 달 정도 지나면서 조금은 느리지만 한결 쉽게 말을 꺼내고 이어 나가는 모습을 보였다.

말을 제대로 한다는 게 쉬운 일은 아니다. 남보다 말을 더 잘하려는 경쟁심이 생기게 되면 오히려 자연스런 대화를 나누기 힘들어진다. 말을 잘하려는 의지보다 더 중요한 것은 하고 싶은 얘기에 자신의 진심을 담아서 진실한 태도로 솔직하고 친근감 있게 전달하는 것이다.

3. 애기 말투를 쓴다

"수정이는 책을 읽을 땐 아주 또렷하게 발음하는데, 평소에 애기할 땐 갑자기 애기가 돼버려요. 어리광이 심하고 애기 말투가 많이 나오거든요. 집에서 애기 말투를 쓰지 않도록 지도해주세요."

"아직 어리잖아요. 당연한 거 아닌가요?"

내가 수정이의 애기 말투에 대해 상의했을 때 보인 수정이 엄마의 반응이다.

초등학교 1학년인 수정이는 책 읽을 때와 말할 때, 목소리나 말투가 영 딴판이었다. 문제는 말할 때 애기 말투가 심하게 나타난다는 것이었다.

부모들은 아이가 아직 어리기 때문에 그런 거 아니냐며 애기 말투 자체에 대해 대수롭지 않게 여기며 별문제를 느끼지 못하는 경우가 많다. 하지만 아이가 아이다운 말을 쓰는 것과 애기 말투를 쓰는 것은 엄연히 다르다.

애기 말투가 문제가 되는 것은 어른이 돼서도 그 말투가 그대로 나타나기 때문이다. 애기 말투를 버리지 못해서 친구들이 놀린다는 고등학생, 사회생활을 하는 데 애기 말투로 인해 성실한 이미지를 줄 수 없다며 고민하는 직장여성을 만난 적도 있다.

부모들이 아이들의 귀여운 말투로만 여기는 애기 말투의 문제점을 유형별로 구분해보고, 정확한 혀의 위치와 입 모양을 익혀 아이가 제대로 된 발음을 하도록 가르치자.

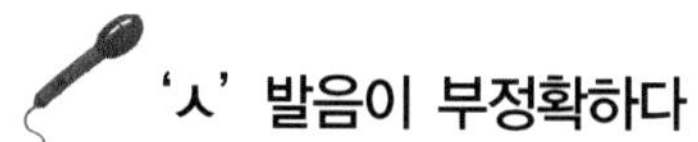 'ㅅ' 발음이 부정확하다

사람 ➡ 타람

아이스크림 ➡ 아이뜨크림

소리 ➡ 토리, 또리

'ㅅ'을 잘못 발음하는 아이들은 'ㅆ'도 정확히 발음하지 못한다. 이런 아이들은 'ㅅ' 발음을 이와 이 사이에 혀를 넣고 발음하는데, 우리말에는 이와 이 사이에 혀가 나오는 발음이 없다.

아이들을 가르치는 선생님들 가운데 'ㅅ' 발음을 바람 새는 소리처럼 하는 분들이 있다. 아이들은 듣는 대로 익힌다고 은연중에 그 소리를 그대로 흉내내게 되니 특히 조심해야 할 부분이다.

또한 빼놓을 수 없는 건, 어릴 적부터 영어를 배우는 아이들이 많아지면서 'ㅅ' 발음을 '/θ/' 발음으로 하는 아이들이 많아지고 있다는 점이다. 우리말의 'ㅅ'발음을 하는 방법은 혀끝을 윗잇몸에 아주 가까이 가져간 다음 혀끝과 윗잇몸 사이로 공기를 마찰시키면서 내뿜는 게 정확한 방법이다.

 'ㄹ' 발음이 안 된다

고릴라 ➡ 고일라

바람이 불어요 ➡ 바다미 부더요

보라색을 좋아해요 ➡ 보다새글 도아해요

"선생님. 상의드릴 게 있어서요. 준이가 오늘 치과에 갔었는데 혀가 많이 짧다고 수술을 한번 생각해보라고 하더라고요. 아직 아이인데 수술하기가 왠지 무서워서 이렇게 전화드렸어요. 준이 발음에 크게 문제가 있나요?"

혀 짧은 소리를 한다고 걱정을 듣는 사람들이 제대로 안 되는 발음이 바로 'ㄹ' 발음이다.

하지만 선천적으로 입 안 구조에 이상이 있어 발음장애를 겪는 게 아니라면 혀 수술은 성급하게 판단할 일이 아니다. 혀 짧은 소리를 하는 것이 아동기 언어의 특성이므로, 아이에게 정확한 발음을 할 수 있도록 제대로 된 입 모양과 혀의 위치를 알려주고 연습을 시켜보는 게 중요하다.

'ㄹ' 발음은 혀끝이 입 천장 앞부분에 닿아야 나는 소리이다.

준이는 가끔 혀 짧은 소리를 내긴 하지만, 발음은 아주 정확한

편이다. 그래서 준이에게 혀의 위치를 정확하게 알려주고 의식하
지 않아도 자연스럽게 발음이 나오도록 계속해서 연습을 시켰더
니 그것만으로 충분했다.

 ### 'ㅇ' 발음이 안 된다

행복해요 ➡ 행보캐요

'행복해요'를 정확히 발음하면 '행보캐요'가 된다. 그런데 'ㅇ'
발음이 안 되는 아이들은 받침 'ㅇ' 발음을 'ㅁ'으로 하고 있다.

행복해요 ➡ 햄복해요

'ㅇ' 발음은, 아랫입술과 윗입술이 닿지 않게 하고 뒤 혀를 입천
장 뒤쪽(연구개)에 붙여서 소리를 낸다.

말끝마다 '요'를 붙인다

"선생님 제가요 길을 가다가요 친구를요 만났는데요, 그 친구가요 저
보고요 어디 가냐고 해서요, 제가 집에 간다고 하니까요 같이 가자고
해서요 지금 같이 가는 거예요."

말할 때 어절의 끝마다 '요'를 습관처럼 쓰는 아이가 있다. 친구
나 동생에게 하는 말에다 '요'만 붙이면 존댓말이 된다고 생각했는
지 나한테 말할 때 반말에 '요'만 붙여서, '했다' '모른다' '잘한다'

를 "했다요" "모른다요" "잘한다요"라고 얘기하는 아이도 있었다.

이런 말투는 한 아이가 쓰게 되면 덩달아 다른 아이들까지 유행처럼 따라 쓰게 된다. 틀린 말이고 듣기에도 좋지 않다고 주의를 줘도 아이들은 쉽게 고치지 않는다. 오히려 뭐가 틀린 건지 모르겠다며 고개를 갸우뚱한다. 대부분 부모들이, 아이가 아직 어리니까 괜찮다는 생각에서 그 말투를 어리광으로 여기고 웃어넘기기 때문이다.

그러나 이는 잘못된 태도이다. 부모는 아이가 존댓말을 익히기 시작할 때부터 예의에 맞게 경어법을 사용하도록 가르쳐야 한다. 말투란 잠깐 쓰고 때가 되면 쉽게 바꿀 수 있는 게 아니라서, 일단 입에 완전히 붙어버리면 나중엔 쓰지 않으려 해도 너무나 익숙해져서 버릴 수 없게 된다.

한 심리학자의 말에 따르면 사람의 첫인상을 좌우하는 데 말의 내용이 10퍼센트를 차지하는 반면, 말투는 35퍼센트나 차지한다고 한다. 똑같은 의미라도 얼마나 정확하게 발음하고 어떤 어투로 말하느냐에 따라 이미지는 상당히 다르게 전달되는 것이다. 부정확한 발음으로 얘기하게 되면 말의 핵심이 흐트러지고 상대방이 집중하기도 힘들어진다.

어릴 때부터 정확한 발음을 입에 담아내는 버릇이 말 잘하기의 첫걸음이다.

4. 목소리가 허스키하다

네 살배기 진주는 하루종일 재잘재잘거려요.

유난히 호기심도 많고 궁금한 것도 많아서 얘깃거리를 입에 달고 다니는 아이예요.

고슴도치도 제 자식은 이쁘다지만, 제 딸이라서 그런 게 아니라, 진주는 진짜 매력적인 수다쟁이랍니다. 전업주부인 제겐 좋은 말동무가 돼주고 있어요.

그런데 우리 딸 진주의 목소리를 두고 한 친구와 언성을 높였던 기억이 있습니다.

지난 봄 대학동창모임에 아이를 데리고 나갔는데, 한 동창이 또래 아이들과 수다를 떨고 있는 진주를 보면서, "어머 쟨 여자애 목소리가 왜 저렇게 허스키하니? 너무 거칠게 들린다. 어릴 때 성대 수술해주는 게 좋겠는걸" 하는 거예요.

그 말을 들은 진주는 얼굴이 벌게지면서 바로 말을 멈추더라고요.

　정말 기가 차고 코가 막혀서…… 화도 나고 아이가 상처받았을
걸 생각하니 저도 모르게 소리를 높이고 말았지요.

　"우리 아이 목소리가 어디가 어때서……?!!"

　원래 진주는 여러 가지 목소리를 가지고 있어요. 높은 톤의 가
느다란 목소리, 낮고 굵은 톤의 목소리, 그리고 애교 떨 땐 얼마
나 귀여운 목소리인데요. 본래 좀 허스키한 목소리에다가 자기
기분에 따라 서너 가지 목소리로 변하거든요.

　난 개성으로 생각하는 내 아이의 목소리에 그렇게 함부로 말하
는 친구를 보면서 얼마나 속상했던지 몰라요. 그렇게 생각 없이
내뱉는 말들이 아이들에게 얼마나 큰 영향을 끼치는지 모르나 봅
니다.

　그날 이후, 전 다짐했어요.

　"우리 딸 진주가 엄마의 말에서 정확한 발음과 건전한 생각을
배울 수 있게 나부터 공부하고 노력하자!!!"

　그런데 정말 진주 목소리가 그렇게 이상한 건가요?

―진주 엄마

　앙증맞고 애교 만점인 진주.

　진주는 정말 다양한 음색을 가지고 있다. 때때로 목소리를 바
꿔가며 텔레비전에 나오는 만화 주인공을 흉내내는 걸 보면, 크
면 멋진 성우가 되지 않을까라는 상상도 해본다.

사람들은 대부분 여러 가지 음색을 가지고 있다. 기쁠 때, 슬플 때, 화날 때 기분에 따라 목소리 색깔이 다르게 나오기 마련이다.

진주는 기분이나 상황에 따라 다양한 음색으로 감정을 표현하는 것인데, 목소리가 약간 허스키한 바람에 가끔씩 거칠게 나올 때가 있다. 그런 진주의 목소리를 엄마가 긍정적으로 받아들여서 참 다행이다.

사실 허스키한 목소리는 그 자체만으로는 아주 매력적이다. 하지만 어릴 때는 입 모양을 제대로 하지 않는 경우가 많아서 허스키한 목소리를 내는 아이들의 말은 자칫 상대방이 알아듣기가 힘들 수도 있다.

따라서 문제는 허스키한 목소리 자체가 아니라, 상대방이 알아들을 수 없게 소리도 작고 밋밋하게 흘리듯이 말하는 것이다. 이때는 강조해야 할 단어나 부분을 강하고 또렷하게 발음해서 상대방이 명확하게 알아들을 수 있도록 아이를 지도해야 한다.

그렇다면 말하기에 있어서 목소리 자체가 갖는 가치는 어떤 것일까?

사람에게 목소리는 매우 중요한 부분이다. 목소리는 그 사람이 하는 말의 '껍데기'나 마찬가지여서, 목소리만으로도 사람의 기분을 알아차리기도 하고 그 사람의 이미지를 떠올려볼 수도 있다. 그래서 목소리가 좋은 사람이라면 대개 인상이 좋게 기억되기 마련이다.

좋은 목소리란 어떤 목소리일까?

 2장 '말' 좀 봐주세요

이거다 하고 정해져 있다기보다는 자신에게 가장 편안하고 다른 사람에게 친근하면서 믿음을 주는 목소리라면 좋은 목소리라고 할 수 있다.

특히 아이들의 경우, 남이 못 알아들을 정도가 아니라면 본래의 목소리를 억지로 바꾸거나 일부러 다른 목소리를 만들어내게 하는 건 좋지 않다. 자신의 목소리가 나쁘다고 인식하게 되면 자연히 말하는 것 자체를 주저하게 되기 때문이다.

사실 아이들의 목소리는 자라면서 여러 번 변한다. 듣기에 가장 편안하게 들리고 아이에게 어울리는 목소리를 찾아서 생활 속에서 익숙하게 쓸 수 있도록 해주면 좋다.

그렇다면 어떻게 아이에게 어울리는 편안한 목소리를 찾아줄까?

가장 많이 알려져 있는 방법으로 손쉽게 해볼 수 있는 게, 바로 자기 목소리를 녹음해서 들어보는 것이다. 평소에 나오는 아이의 다양한 목소리와 함께, 한 가지 더, 배에다 힘을 줘서 끌어올리는 소리를 내본다.

녹음 테이프에서 흘러나오는 자신의 목소리를 들으면 처음엔 정말 이상하게 느껴진다. 아나운서 시절에 라디오 뉴스를 녹음해서 들었을 때 나도 얼마나 어색하고 쑥쓰러웠는지 모른다. 그러나 녹음한 걸 계속 들으면서 내 목소리가 매번 조금씩 다르다는 걸 알게 되었다. 그리고 그 중에서 가장 마음에 들고 편한 목소리를 기억해서 꾸준히 노력한 결과 나만의 목소리를 내게 되었다.

거울로 외모를 가꾸듯이 목소리도 갈고 다듬는 게 필요하다. 아이한테만 시킬 게 아니라, 부모가 함께 목소리 찾기 놀이를 해보자. 녹음된 목소리를 직접 들어보면서 서로의 장단점을 알려주고 가장 마음에 들고 편한 목소리를 찾는 것이다.

그리고 한 가지, 같은 부모 입장에서 덧붙이고 싶은 얘기가 있다.

"어머 쟤는 애가 왜 그렇게 주변머리가 없니?"

"정말 이상하게 생겼네."

"지 맘에 안 들면 울고 떼쓰고 고집불통인 게 누굴 닮아서 저래?"

어른들은 아이가 듣는 앞에서도 아이에 대해 함부로 얘기하는 경우가 많다. 아이라서 잘 모를 거라고 생각하면서 말이다.

하지만 정작 본인들이 어렸을 때를 떠올려보면, 금세 많은 부분이 토막토막 기억날 것이다.

아이들도 자신의 생각이 있고 남의 행동이나 말에 대해 분명하게 인식하고 평가할 줄 안다. 그런데 어른들은 무의식중에 그런 아이들의 인격을 무시한다. 생각 없이 마구 말하면서 아이들이 느낄 마음의 상처에 대해서 가볍게 여기는 것이다.

내 아이한테도 그렇지만 특히 남의 아이에 대해 어떤 평가를 내릴 때는 그 말 한 마디가 아이의 인생에 큰 영향을 끼칠 수도 있다는 책임감을 갖고 말하는 것이 중요하다.

5. 어휘력과 표현력이 부족하다

민이는 아주 명랑하지만 성격이 급하고 감정의 기복이 심한 편이에요.

아주 어릴 때부터 감정 표현이 솔직해서 원하는 건 무엇이든 주저하지 않고 '간결'하게 이야기했지요.

"엄마, 이거 이거!" 하면 알아서 처리해주고, "엄마, 가자 가자" 하면 원하는 곳에 데려다주고.

그땐 엄마의 짧은 소견으로, 정확한 문장을 구사하는 것에 특별히 신경쓰지 않았어요. 아직은 어려서 말하는 게 서투른 건 당연한 거라고 생각했거든요.

그러나 일곱 살이 된 지금까지도 여전히 말하는 습관이 달라지지 않아 걱정이 되더라고요.

어순이 정리가 안 되고 표현이 너무 간단한데다 온통 의성어 투성이에 조리 없이 얘기하는 민이의 모습을 느끼기 시작했어요.

"엄마, 내가 땅, 하고 차니까……."

"민아, 잠깐만, 뭘 찼는데?"

"응, 축구공."

"다시 말해볼래, 민아?"

"엄마 내가 축구공을 땅, 찼는데 공이 슉, 해서……."

"민아, 잠깐만. 슉, 하는 거 말고 날아간다고 해야지."

"응, 엄마 내가 축구공을 땅, 하고 찼는데 공이 슉, 날아가서 퍽, 했어."

"민아 잠깐, 퍽 하는 게 누가 맞았다는 거야? 아님 공이 어디 부딪혔다는 거야? 다시 말해볼래?"

"응, 엄마 내가, 뭐지? 축구공을 찼는데, 뭐지? 공이 날아가서, 뭐지? 친구 다리에 맞았어."

"그래 잘 얘기했어. 그런데 '뭐지?' 빼고 얘기하면 더 좋겠다. 소리내는 말만 넣어서 이야기하면 어떻게 된 일인지 엄마가 잘 모르니까 자세하게 얘기해줘. 알았지?"

"응, 엄마."

민이는 문장이 길어지면 '뭐지?'를 즐겨 넣습니다.

아무래도 마음은 급하고 말은 빨리 안 나와서 그런 거 같아요.

매일 민이와 얘기를 나누다 보면, 아이가 말하는 게 무슨 무협 영화의 한 장면 같아요. '딱', '퍽', '윽', '슉'…… 아이가 말한 걸 기억해보면 이런 단어들밖에 떠오르지 않아요. 민이가 마치 무협 항상 할 말도 많고, 하고 싶은 얘기도 많은 민이.

말하기교실에 와서도, 나한테 놀이방 얘기를 해주다가 그 말을 끝맺지도 않고 옆에 있는 친구들이 하는 얘기에 참견을 하기도 한다. 한 사람과 얘기를 할 때도 한꺼번에 여러 가지 이야기를 늘어놓는데, 듣는 사람은 민이가 무슨 말을 하는지 종잡을 수가 없다.

이런 아이들은 처음 보는 사람들에게도 붙임성 있게 말을 건네다 보니, 상대방은 아이를 명랑한 아이라고 귀여워하면서 정작 말하는 내용에는 그다지 신경을 쓰지 않게 된다. 사실, 정확하게 알아들을 수 없기 때문에 아이가 말하는 내용을 건성으로 넘겨버리는 것이다.

하지만 아이의 입장에선 중요한 이야기를 하고 있기 때문에 말하면서 상대방이 자신의 얘기를 잘 듣고 있는지 눈치를 살피게 되고 더더욱 말하는 데 집중하지 못하게 된다. 그러면서 생각만큼 말이 안 나오니까 '뭐지?'와 같은 필요 없는 말을 되풀이하면서 말문을 매끄럽게 풀지 못하는 것이다.

이럴 때 부모는 항상 민이의 말에 귀를 기울여야 한다. 아이가 횡설수설 이야기해도 부드러운 표정으로 아이를 쳐다보면서 말을 다 할 때까지 기다려줘야 한다.

그 다음, 아이가 뭘 이야기했는지 파악해서 제대로 된 문장으로 다시 이야기해주도록 한다.

주의해야 할 건, 아이가 말하기도 전에 표현 방법을 미리 알려주는 게 아니라 아이의 이야기를 먼저 듣고 다시 정리해서 완전한 문장으로 얘기해줘야 한다는 것이다.

"엄마, 엄마. 아까 뭐지? 뭐지? 민수가 유치원에서 오다가, 뭐지? 뭐지? 음…… 지네 집에 같이 가자고 했는데. 뭐지? 내가, 음음 안 간다고 했는데…… 어어 자꾸 가자고 해서……."

"아까 민수하고 유치원에서 오는데 민수가 자기 집에 가자고 해서 안 간다고 했는데 자꾸만 가자고 했구나. 민아, 다시 한 번만 얘기해줄래?"

아이들은 따라하는 것엔 크게 거부반응을 보이지 않는다.

이렇게 계속 따라하다 보면 단어로만 말하던 아이가 문장으로 자신의 생각을 표현하게 된다. 그러면서 머릿속에 단어들로만 흩어져 있던 말들을 문장으로 엮어내는 게 쉬워지는 것이다.

실제로 이 방법만큼 아이들의 말하기를 바꿔놓는 이론도 없다.

그런데도 엄마들이 이 방법을 별로 신뢰하지 않는 경우가 있는데, 그것은 생활 속에서 꾸준히 실천하는 게 쉽지 않기 때문이다. 한두 번은 마음을 다잡고 해보다가 오히려 부모들이 이내 귀찮아하거나 잊고 지내게 된다.

솔직히 늘 이렇게 아이에게 신경써주는 건 정말 힘들다. 하지만 아이를 위해 도 닦는 기분으로 꼭 한 달만 생활 속에서 열심히 문장으로 대화 나누기를 하다 보면 아이의 말하기는 몰라보게 달라진다. 아이들은 새로운 걸 잘 받아들이고 금방 익숙해지기 때문이다.

6. 영어식 어순과 한국어 어순이 헷갈린다

저는 남편 직장 때문에 외국에 나와서 살다가 4년 만에 다시 한국으로 들어가는, 초등학생을 둔 학부모입니다.

한국에서는 영어를 가르치기 위해 외국연수도 보내고 조기유학도 보낸다지만, 저는 요즘에 아이들의 한국말 실력 때문에 고민이 많습니다.

아이들은 여기서 외국인 유치원을 다녔고, 외국인 강사와 일 대 일 과외를 한 덕분에 영어를 꽤 잘합니다. 그런데 이제 남편의 파견 근무가 끝나면서 한국으로 들어가게 됐거든요.

아이들이 워낙 어린 시절에 외국으로 나와 영어를 쓰는 환경에서 한국어를 익혔기 때문에, 혹시 한국에서 언어충격 같은 걸 겪지 않을까 걱정이 됩니다.

아이가 한국어로 말하는 걸 보면, 종종 주어와 서술어가 뒤바뀌어 영어식 어순처럼 표현하는 경우가 많고, 한국어로는 긴 대

화를 나누기도 힘듭니다.

아이가 한국 학교에 잘 적응할 수 있을지, 말 때문에 친구들한테 놀림을 당하지 않을지 걱정이에요.

영어 때문에 엉망이 된 한국어를 제대로 구사하게 만드는 방법이 있을까요?

—귀국을 앞두고 있는 초등학생 학부모

이른바 지구촌 시대에 접어들면서, 주변에 보면 외국에서 태어나거나 살다온 아이들이 참 많다.

이런 아이들은 이중 언어 환경에서 지내다 보니 대부분 한국말이 서툴다. 외국에서 살 때야 아이들이 한국말이 서툴러도 별 고민 없이 지내다가, 다시 한국에 들어오게 되면 부모들은 심각하게 걱정하게 되는 것이다.

말하기교실을 찾아 온 일곱 살 경민이.

4년간 외국에서 살다가 일곱 살 때 한국으로 들어왔는데, 한국말이 여간 서툰 게 아니었다. 경민이는 몇 가지 조사를 빼고는 모두 영어로 이야기했다. 처음엔 대화조차 나누기 힘든 상태여서, 경민이의 말하기를 어디서부터 어떻게 고쳐야 할지 막막할 정도였다.

"먹어요, 이 과자?"

"좋아요, 선생님."

경민이의 한국말에서 가장 뚜렷하게 나타나는 현상이 우리말

의 어순을 바꿔서 말하는 것이다. 경민이는 간혹 우리말을 쓰지만 말의 순서가 바뀌어서 한참을 들어야만 알아들을 수 있을 정도였다.

나는 경민이가 하는 아주 간단한 말이라도 알아들을 수 있다고 그냥 넘기지 않고 반드시 고쳐서 들려주고 따라하게 했다. 생활 속에서 아이가 어순을 틀리게 말할 때마다 계속 되풀이해서 들려주었다.

그러면서 되도록 짧은 문장으로 주어와 서술어의 개념을 익히면서 우리말 어순으로 말하는 연습을 꾸준히 시켰다. 다행히 경민이가 우리말을 알아듣는 건 가능했기 때문에 수업을 한결 쉽게 풀어갈 수 있었다.

그 다음, 우리말을 하는 것에 일단 흥미를 느끼게 할 수 있는 방법을 찾았다.

경민이는 글을 잘 몰랐기 때문에 그림 그리기를 무척 좋아했다. 그래서 경민이에게 먼저 그림을 그리게 하고 그 그림에 대한 경민이의 설명을 들으면서 잘못된 표현을 하나씩 고쳐나갔다.

"스파이더맨이가 나타나서 나쁜 놈이를 잡아갔어요."

"스파이더맨이 나타나서 나쁜 놈을 잡아갔구나. '스파이더맨이가'가 아니라 '스파이더맨이', '나쁜 놈이를'이 아니라 '나쁜 놈을'."

경민이는 또래에 비해서 정확하지 않은 발음도 많았다.

그래서 내가 먼저 말을 아주 천천히 하면서 입 모양을 보여줬다. 다행히 경민이는 우리말에 크게 관심을 보이면서, 입 모양을 열심히 움직이며 따라했다.

이중 언어로 인한 혼란은 다만 외국에서 살다온 아이들만 겪는 일은 아니다. 요즘은 우리나라에 살면서도 그런 경우가 많이 있다. 영어 조기 교육 열풍이 일어나면서, 서너 살 때부터 우리말과 함께 영어를 같이 가르치는 경우가 많아졌기 때문이다.

하지만 그 나이의 아이들은 미처 언어의 중추신경이 제대로 발달하지 않은 시기라서 한꺼번에 이중 언어를 배우면서 언어 혼란을 겪게 된다.

어느 동시 통역사의 말이 생각난다. 진정한 외국어 실력은 바로 국어 실력에서 나온다는 것이다. 외국어를 배울 때, 기초 수준에선 다들 비슷하게 익혀나가지만 그 이상 수준으로 올라갈수록 우리말을 얼마나 잘하느냐에 따라 실력 차이가 난다고 한다.

한국말을 잘하는 사람이 모두 외국어를 잘하는 건 아니지만, 한국말을 잘해야만 외국어의 높은 고지에 도달할 수 있다.

7. 사람들 앞에서 말하는 걸 두려워한다

어른들은 모르는 아이를 처음 만났을 때 인사처럼 이름을 물어본다.

"네 이름이 뭐니?"

(아무 말 없이 난감한 눈빛으로 쳐다보는 아이.)

부모가 아이를 다그친다.

"이름도 얘기 못 해?! 이름 얘기하는 게 뭐가 그렇게 어렵니?"

(아이의 눈에 눈물이 고인다.)

안타까움과 답답함이 교차하는 난감함이 부모의 얼굴엔 역력하다.

"네 이름이 뭐냐고 물으시잖아?"

이쯤 되면 아이는 이내 울음을 터뜨린다.

이런 상황을 겪어본 부모들에게 많이 듣는 비슷한 얘기가 있다.

"애가 누굴 닮아 이런지 모르겠어요. 사람들 앞에서 이렇게 몸을 비비 꼬면서 아무 말도 안 하려고 해요. 학교에서 발표하는 건 꿈도 못 꾸죠. 공개수업을 한다고 해서 가 보면 우리 아이 혼자만 눈에 띄지 않으려고 몸부림치고 있어요."

아이나 어른이나 남 앞에 서서 자신을 표현한다는 게 쉬운 일은 아니다. 말하는 걸 직업으로 삼은 나였지만, 방송 출연이 악몽 같았던 순간이 나에게도 있었다.

6개월 수습기간을 채 마무리하기 전, 프로그램 개편을 맞아 텔레비전 아침뉴스를 진행하게 되었다. 아나운서가 되고 처음 맡은 텔레비전 프로그램이었다.

그동안 꾸준히 실력을 갈고 닦았지만, 첫 출연을 앞두고 굽절의 노력을 쏟아부으며 시간을 보냈다. 그런데 방송을 하기 바로 전날 밤 예상치 못한 부담감이 갑자기 나를 심하게 짓눌렀다. 시청자들은 우선 둘째치더라도 당장 방송국 사람들이 모두 나를 지켜볼 거란 생각을 하니 잠도 오지 않았다. 며칠 전에 걸린 감기 때문에 몸 상태가 좋지 않은데다 부담을 갖다 보니 머리까지 지끈지끈 아파와서 차라리 다음날이 오지 않았으면 하는 엉뚱한 상상까지 하면서 초조한 마음으로 밤을 지샜다.

드디어 다음날, 감기 때문에 목을 아끼는 게 필요했는데도 조금이라도 잘해보려는 마음에 큰소리로 발성을 연습하다가 방송 전에 그만 목소리가 쉬어버렸다.

아! 이 일을 어째! 마음의 부담은 더 커지고, 정말 안 할 수만

있다면 그 순간만이라도 사라지고 싶었다. 하지만 시간은 여지없이 흐르고, 마침내 스튜디오에 앉아 차갑고 낯선 카메라를 마주하게 됐다.

드디어 큐 사인과 함께 카메라에 불이 켜지고, 나는 애써 아무 일도 없는 척 떨리지 않은 척 마음을 다잡고 방송을 시작했다. 그러나 드디어 일을 내고 말았다.

뉴스를 시작하고 십여 분쯤 지났을까. 갑자기 목에 뭔가 걸린 것이다. 옆에 앉은 앵커가 진행하는 동안 입을 막고 살짝 기침을 한다는 게 그만 그 소리가 마이크를 통해 다 나가버렸다.

일을 냈구나 싶으면서도 목소리만 작게 나갔겠지 하며 스스로 위로하려고 했는데, 기침을 하는 내 모습이 옆 모니터에서 그대로 방송되고 있는 것이 아닌가.

아, 시간을 돌이킬 수만 있다면······.

 2장 '말' 좀 봐주세요

순식간에 마음 가득 두려움이 밀려들면서 남아 있는 뉴스 원고는 눈에 제대로 들어오지도 않았다. 그리고 그 순간부터 원고를 수도 없이 틀리게 읽고 말았다.

혹독한 아나운서 신고식을 치른 셈이었다. 낯설고 차갑게 느껴졌던 카메라는 이제 무서운 기계로까지 느껴지고, 쥐구멍이라도 있으면 콕 박혀서 얼굴만이라도 숨기고 싶었다. 그리고 그렇게 시작된 카메라 악몽에서 벗어나는 데 2년 정도의 시간이 걸렸다. 누구 하나 크게 질책을 하진 않았지만, 나 스스로 카메라만 보면 위축됐던 것이다.

그렇다고 오래도록 목표로 해왔던 아나운서의 꿈을 저버릴 순 없는 일이었다. 피할 수 없다면 정면으로 마주해서 이겨내자고 마음먹었다. 두려움은 피한다고 사라지는 게 아니다. 정면으로 그 두려움과 마주해서 이겨내야지.

카메라는 아나운서의 적이 아니라 가장 든든한 동반자라고 할 수 있다. 나는 카메라와 친해지기 위해 노력했다. 방송이 없는 틈을 타 텅 빈 스튜디오에서 마이크를 통해 들려오는 내 목소리를 녹음해서 다듬어갔고, 무섭기만 하던 카메라 위엔 사랑하는 사람들의 눈을 그려넣어서 그 사람들을 생각하면서 마음을 바꿔나갔다.

그러자 어색하기만 하던 카메라의 렌즈가, 시간이 흐르면서 어느 순간 따뜻한 시선으로 느껴졌다. 카메라 렌즈가 나의 가장 좋은 모습을 찾아주는 믿음직한 동료로 보이기 시작한 것이다.

내가 이런 마음고생을 해서인지, 사람들 앞에서 말을 못 하고 몸을 숨기는 아이들의 모습을 보면 그 아이들의 마음이 보인다. 남 앞에 나서길 꺼려하는 아이들은 나름대로 이유가 있다.

말하기교실을 찾아오는 아이들 중에 무대에서 마이크 잡고 얘기해보라고 하면 겁부터 먹는 아이들이 있다. 그러면 나는 환하게 웃는 얼굴로 아이의 손을 꼭 잡고 마음이 통하도록 진솔하게 말해준다.

"사람들 앞에 서면 떨리고 힘든 건 당연한 일이야. 선생님도 옛날에 그랬는데 연습하니까 그런 마음들이 없어지더라. 너도 연습하면 그런 마음이 없어질 거야."

그리고 아이와 서로의 눈을 따뜻하게 마주 보며 함께 하나부터 열까지 센다.

하나, 둘, 셋, 넷, 다섯, 여섯, 일곱, 여덟, 아홉, 열!!!

그러면 마법의 주문처럼 신기하게도 아이들은 스르르 마음을 열고 사람들 앞에 설 용기를 조금 갖게 된다.

그렇게 아이들이 용기를 가지기 시작하면 그때부터는 무대에 서는 실전연습이 필요하다. 말하기교실에서는 작은 단상과 마이크를 준비해서 아이들의 놀이공간으로 이용하고 있다. 아이들은 무대를 놀이터 삼아 놀면서 쉽게 무대에 익숙해지고 남 앞에 서는 상황을 가벼운 마음으로 받아들이게 된다.

이런 방법은 가까운 사람들 앞이라면 좀더 쉽게 시도해볼 수 있다. 식구들부터 시작해서 친척들이나 이웃들이 놀러왔을 때,

  2장 '말' 좀 봐주세요

익숙한 사람들 앞에서 거실을 무대 삼아 춤이나 노래, 이야기 등 아이가 잘하는 장기자랑을 시켜보면서 남 앞에 서는 걸 익숙하게 만들어주는 것이다.

이때 무엇보다도 아이가 하는 행동에 관심을 집중해야 한다. 얘기나 노래를 시켜놓고 아이가 겨우 용기를 내서 할 때 어른들이 딴 짓을 하면 안 된다. 아이는 자신이 잘 못해서 무시당했다고 느낄 수 있다.

그리고 아이가 조금 머뭇거린다고 해서 "갑갑해서 속상해요", "넌 애가 왜 그러니?", "얼른 해봐. 그것도 못해?", "뭘 그렇게 꾸물거리니?", "어휴 숙맥 같아서 원"이라는 말들을 함부로 해선 안 된다.

아이에게 계속해서 용기를 북돋아주며 끈기 있게 기다려줘야 한다.

"자, 엄마가 선생님이고 동생을 같은 반 친구라고 생각해. 그리고 발표회를 해보는 거야."

"그때 엄마한테 들려줬던 동화 이야기, 정말 재밌었는데. 이모한테도 들려줘. 아주 좋아할 거야."

"노래 솜씨가 아주 좋다고 소문이 자자하더라. 이 아줌마도 듣고 싶은데."

누구나 남에게 인정받고 싶은 마음은 있기 마련이다. 부끄러운 마음과 무대에 서고 싶은 마음 사이에서 갈팡질팡하던 아이는 따뜻한 말 한마디에 용기를 내서 노래를 하고 이야기를 하게 된다.

드디어 행동에 옮긴 아이에겐 아낌없는 칭찬을 해주어 무대에 대한 공포를 한 숟가락씩 덜어내게 해준다.

이렇게 집안 무대에서부터 여러 번 경험을 하다 보면 어느새 용기 있게 자신을 표현하는 아이를 만날 수 있다.

8. 거친 말을 쓴다

말하기교실에서 초등학교 고학년 수업시간은 아슬아슬한 긴장의 연속이다.

 **말하기교실 풍경 하나! 기죽이기 한판**

5학년 아이들 수업이 있는 수요일 오후 시간. 시작부터 상대방의 기죽이기 한판이 벌어졌다.

수업에 들어가기 전, 학교에서 영어 발표 대회에 나가는 동훈이가 친구들 앞에서 연습을 하는데, 그걸 지켜보던 성민이가 마치 동훈이가 들으란 듯이 나에게 큰소리로 말한다.

"쟤 왜 저렇게 못해요? 저 정도는 누구나 하는 거 아니에요? 저 실력으로 무슨 대회를 나간담."

대회가 코앞이라 쑥스러워하면서도 어렵게 용기를 내서 했던 거였는데, 성민이의 말에 동훈이는 크게 당황했고 나 또한 어떻

게 수습을 해야 할지 몰라 안절부절못했다.

"성민아, 선생님이 보기에는 동훈이가 아주 열심히 잘하는데."

"에, 저게 뭐가 잘하는 거예요?"

 **말하기 교실 풍경 둘! 그들만의 언어**

만날 때마다 씩씩하게 인사하는 6학년 정미는 깨끗한 얼굴에 웃는 모습이 밝고 건강한 아이다.

그런데 말버릇만은 평소의 이미지와 영 딴판이다.

"아, 열라 재수 없어. 얼큰이 주제에 잘난 체하기는. 그러니까 따를 당하지. 그런데 우리 쌤은 개만 좋아한다니까."

(열라—정말, 얼큰이—얼굴이 큰 아이, 따—따돌림, 쌤—선생님)

“그래 정말 짱나. 분명히 걔네 집이 빵빵해서 그럴 거야.”

(짱나―짜증난다, 빵빵해서―부자여서)

“당근이지.” (당근―당연하다)

정미가 친구와 나눈 대화의 일부분이다.

나는 대화 내용을 듣고 너무 놀라기도 했지만, 무슨 얘기인지 도무지 해석하기도 힘들었다.

 **말하기교실 풍경 셋! 퉁명스러운 말투**

“준성아, 자세를 바로 하고 수업 시작하자.”

“안 돼요. 저 원래 이래요.”

“원래 그런 게 어디 있어? 허리도 펴고 어깨도 펴고.”

“(짜증스럽게) 안 된다니까요. 허리를 펴면 더 힘들어요. 태어날 때부터 이래요.”

“그게 무슨 말이야? 태어날 때부터 그런 거 아니야. 연습하면 돼. 지금은 좀 힘들겠지만.”

“(화난 말투로) 안 된다니까요.”

초등학교 6학년인 준성이. 부정적이고 짜증스러운 말투에, 대화 나누는 걸 귀찮아한다. 나한테만 그러는 게 아니라, 그것이 평소 준성이의 말버릇이다. 몇 마디 나누다가 금세 짜증을 내는 준성이와는 길게 대화를 이어나가기가 쉽지 않다.

요즘은 초등학교 4학년만 되면 사춘기에 접어드는 아이들이 있

다는 얘기를 들었다. 그래서인지 초등학교 고학년 아이들은 사춘
기의 반항이나 예민함이 그대로 드러난다.

특히 말하기 태도를 보면 당혹스러울 때가 한두 번이 아니다.
아주 민감하고 자기 주장이 강해서 다른 사람에 대한 배려보다는
직설적인 표현을 많이 한다. 누구라고 따로 구별할 수 없을 정도
로 아이들 대부분 은어나 속어 등 거친 말을 써서 그것이 마치 그
또래들만의 전용 언어처럼 보일 정도이다. 또한 많은 아이들이
부정적이고 차가운 말들을 툭툭 던지듯이 내뱉는다.

어른들은 아이들의 말을 잘 알아듣지도 못하고, 들을 때마다
혼내도 보지만 소용없다. 상황이 이렇다 보면 아이들은 점점 어
른들에게 말문을 닫고 만다.

말은 단순히 의사소통만을 위해서가 아니라 서로 마음을 나누
기 위해 존재한다. 거친 말은 그대로 상대방의 마음에 전달되게
마련이다.

사실 아이들의 그런 말에 선생인 나도 때론 상처받는 경우가
있다. 수많은 인간관계를 맺어나가는 데 있어 그 출발점은 서로
주고받는 말에서부터 시작된다.

나는 말하기교실에 오는 아이들과 함께 말 태도에 대해 몇 가
지 규칙을 정했다.

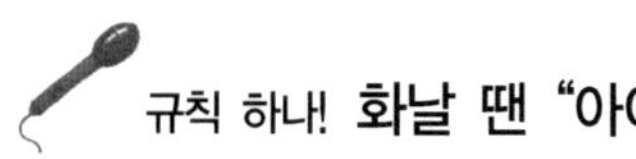

규칙 하나! 화날 땐 "아이 참"

아이들이나 어른이나 일이 잘 풀리지 않거나 짜증이 날 때, 별

것 아닌 일에도 가장 먼저 나오는 말이 "아이 씨"다. 이 정도는 욕이라고 여기지도 않고 수시로 쓰는 사람이 많지만, 어감이 좋지 않은 건 물론이고 옆에서 듣는 사람도 덩달아 기분이 상하게 마련이다. 그렇다고 화가 나는데 고상하게 말하라고만 할 순 없다.

이때 화풀이용 말을 바꿔보면 어떨까? 화는 내더라도 말은 "아이 참"으로 말이다. "아이 참"을 어떤 마음으로 소리내느냐에 따라 어감이 달라지지만, 이 단어는 본래 귀엽고 앙증맞은 단어라 화를 내면서도 "아이 참"이라고 하면 울그락불그락했던 마음이 조금은 수그러드는 것을 느낄 것이다.

🎤 규칙 둘! 따뜻하게 말하기

세 치 혀로 사람을 죽이고 살린다는 말이 있다. 말 한 마디가 다른 사람을 감동시킬 수도 있고, 말 한 마디로 큰 화를 당할 수도 있다. 대화를 나눌 때 말은 말의 꼬리를 이어간다. 거친 말은 거친 말을 낳고 좋은 말은 좋은 말로 이어진다. 생활하면서 말의 예절을 잘 지켜야 하는 이유가 바로 여기에 있다.

이런 얘기는 널리 알려지고 교육받아온 것인데도 사실 잘 실천하지 못하는 경우가 많다. 어릴 때부터 끊임없이 말의 예절을 갈고 닦아야 그것이 자연스럽게 입에 배고 몸에 담기는 것이다.

'가는 말이 고와야 오는 말이 곱다', '말이 고마우면 비지 사러 갔다 두부 사온다'처럼, 말에 관한 속담과 명언은 수없이 많다. 말의 중요성과 힘이 그만큼 크기 때문에 동서고금을 막론하고 말의 예절에 대한 지침을 세워 생활 속에서 지켜나가도록 강조해온 것이다. 그렇기에, 사람의 단점보다는 장점을 보고, 함부로 비판하기보다는 격려해주자.

다른 사람에게 부탁할 때에는 명령조의 말보다는 여유 있는 청유형으로 해보자.

"야, 너 이거 좀 해"보다 "민수야 이거 해줄 수 있니?"라고 할 때 좀더 쉽게 사람의 마음을 얻을 수 있다.

똑같은 말도 어떻게 하느냐에 따라 때로 깊은 상처를 낼 수 있는 무기가 되기도 하고, 때로는 말 한 마디로 천 냥 빚을 갚을 수도 있는 것이다.

 **규칙 셋! 긍정적으로 표현하기**

"절대로 못 해요."

"이거 하면 안 돼."

"내 책이니까 아무도 건들지 마."

이런 부정적인 표현에 익숙한 아이들은 누가 일부러 깨우쳐주기 전까지는 그게 왜 나쁜 표현인지 잘 모른다. 부정적인 표현을 습관적으로 쓰는 아이들은 새로운 것을 해보려하지 않고 특별히 흥미를 느끼지도 않는다. 결국 생활 자체가 부정적으로 바뀌게 된다.

"이거 가지면 안 되나요?"

"안 하면 안 될까요?"

이런 표현들을 "이거 가져도 되나요?", "하지 않아도 될까요?"
라고 바꿔서 긍정적인 말을 아이에게 심어주는 것이 중요하다.

특히 발표를 어려워하는 아이들에겐 "못 하겠어요"라는 말 대
신에 "어렵지만 한번 해볼게요"라는 말을 주문으로 삼아보도록
권해보자.

부정적인 말을 쓰던 아이들을 하루아침에 변화시키기는 어렵
지만, 중간에 포기하지 않는다면 아이들의 말하기는 버릇 들이기
에 따라 얼마든지 달라진다.

그렇기 때문에 바른 말을 다듬고 익숙하게 만드는 작업은 평생
토록 게을리하지 말고 해나가야 하는 일이다.

말은 마음을 담아내는 그릇이다. 이렇게 말하기 습관을 따뜻하
고 긍정적으로 바꾸게 되면 자신의 생각이나 삶도 적극적으로 변
하게 될 것이다.

9. 부모는 가장 훌륭한 말하기 선생님

'아이들 앞에서는 찬물도 못 마신다'는 속담이 있다. 이 속담은 말하기에서도 예외가 아니다.

예전에 보경이가 한 말이 생각난다.

"아까 태윤이가 아가리 벌리고 울었어."

내가 밖에 나간 사이에 동생 태윤이가 울었던 모양인데, 그때 보경이 말을 듣고 '태윤이가 왜 울었을까'라는 걱정보다 보경이가 사용한 '아가리'라는 단어 때문에 더 깜짝 놀랐다.

아이들의 말하기에 관심이 많은 나로서는 보경이뿐만 아니라 다른 아이들한테서도, 어디서 저런 표현을 배웠을까 싶은 뜻밖의 말을 발견하곤 한다.

옆집에 사는 다섯 살짜리 여자아이. 맞벌이하는 자식들 대신 함께 살고 있는 할머니와 하루종일 지내는 아이다. 그 아이는 "그거 이리 줘"라는 말을 "인내, 인내"라고 한다.

처음 들었을 땐 이상하게 생각했는데, 어느 날 아이가 할머니와 애기하는 걸 지켜보다가 그 궁금증이 풀렸다. 아이는 할머니가 쓰는 사투리를 그대로 따라한 것이다.

말하기교실에 나오는 초등학교 1학년 남자아이. 엄마와 통화를 하면서 "잉 그라고 아이스크림도 사와"라고 하는 게 아닌가.

사투리는 귀한 우리말이다. 사투리를 따라하고 배우는 게 문제라는 애기를 하려는 게 아니다. 그만큼 주변 사람들과 쉽게 닮게 되는 게 바로 '말'이라는 것이다.

언젠가 말하기교실에 온 한 아이가 한껏 뽐내면서 말했다.

"선생님, 이 쓰봉 어때요? 할머니가 생일선물이라고 사주셨어요."

아이들의 말 창고는 마치 스폰지 같아서 다른 사람들이 쓰는 말을 그대로 빨아들인다. 그래서 아이들은 가끔씩 어른들이나 쓸 법한 단어를 사용해서 듣는 사람을 어리둥절하게도 하고, 또 이상한 일본어를 써서 당황스럽게 만들기도 하고, 그러다 어느 순간 안 하던 욕까지 해서 걱정스럽게 만들기도 한다.

무수히 많은 말들을 들으며 지내는 아이들은 날마다 새로운 말을 머릿속에 입력한다. 그 말이 이상하고 자극적일수록 아이들은 더 흥미로워하고, 장난삼아 혹은 무의식중에 그 말을 입에서 뱉어내곤 한다.

이런 아이들의 말하기에 가장 큰 영향을 끼치는 게 바로 부모다. 아이들은 커가면서 부모의 말투나, 억양, 심지어 목소리까지 닮아간다.

아이들의 주변 사람들이 보이는 말 습관은 아이의 말을 자라게 하는 기초 영양분이나 마찬가지이다. 그렇기 때문에 부모가 먼저 좋은 말 환경을 가꿔줘야 한다. 아무리 말하기교실에서 바른 말하기를 갈고닦더라도 집에서 함께 사는 부모의 말하기가 잘못되어 있다면, 아이들은 제대로 말하기를 익혀나가기 어렵다.

지금 부모인 나는 우리말을 얼마나 바르고 정확하게 쓰고 있는지 생각해봐야 한다.

발표력 쑥쑥, 말하는 게 참 재미있다

1. 자신감 있는 말하기의 시작은 바른 자세부터

다른 사람과 말할 땐 상대방의 시선을 부드럽게 마주하고, 앉아 있을 땐 등을 곧게 하고, 서 있을 때는 비딱하지 않게 똑바로 서 있고, 항상 어깨는 쫙 펴고 생활하는 당당한 모습. 바로 평소의 내 모습이다. 이런 바르고 단정한 내 자세에, "역시 아나운서 출신은 뭔가 다르군요" 하는 말을 주변 사람들은 자주 건넨다.

하지만 어릴 때부터 내 자세가 이렇게 안정된 품새였던 것은 아니다.

초등학교 5학년 때, 유난히 발육이 남달랐던 나는 달라지는 내 몸을 보면서 한동안 고민에 빠졌었다. 또래들보다 키가 커서 눈에도 잘 띄었는데, 거기에다 다른 여자아이들보다 빨리 가슴이 솟아올라오기 시작했던 것이다. 체육시간에 옷을 갈아입을 때면 짓궂은 친구들이 놀려대기까지 해서, 늘 화장실에서 몰래 갈아입곤 했다. 그리고 가슴이 나온 티가 나지 않도록 하기 위해 어깨를 앞으로 모아 움츠리고 다녔다.

그러면서 차츰 자세가 이상해졌다. 남들이 자꾸 커져가는 내 가슴만 쳐다보는 것 같아서, 구부정하게 고개를 숙이고 땅만 쳐다보며 걸었다. 그런 자세로 지내다 보니 자연히 어른들은 어깨 좀 펴고 다니라고 질책하고, 그럴 때마다 나는 점점 더 움츠러들고 나중엔 아예 다른 사람들 눈에 띄는 게 싫었다. 남들과 얘기하는 것도 부담스럽고 모든 게 자신이 없어져, 친구들 앞에서 발표하는 건 아예 생각하지도 못했다.

그러던 어느 날, 소풍 가서 찍은 단체사진 속의 내 모습을 발견하게 되었다. 맨 뒷줄 가장자리에 자신 없이 서 있는 너무나 초라해 보이는 아이였다. 그 이후로 나는 내 자세를 바꾸려고 의식적으로 노력하기 시작했다.

일부러 어깨를 쭉 펴고 고개를 들고 당당하게 앞을 보고 다니자, 세상이 달라 보이고 자신감이 생겼다.

평소 생활 자세는 그만큼 중요하다. 자세에 따라 마음 상태까지 좌우될 수 있다. 자세가 바르지 못하면 그에 따라 마음도 달라지고 마는 것이다.

그런데 요즘 책상 앞에 앉아 있는 아이들의 자세는 불안하기 그지없다. 의자 끝에 걸터 앉는 아이, 상반신을 비딱하게 하고 앉아 있는 아이, 의자 깊숙이 늘어지게 앉아 있는 아이.

"승리야, 허리와 어깨를 쫙 펴고 하자."

아이는 허리를 펴는 듯하더니 금방 몸이 땅 쪽으로 가까워진다.

"승리야, 허리를 곧게 해야 소리가 시원하게 뻗어 나오는
데……."

"(아주 괴로운 표정을 지으며 마지못해) 네."

"별로 어렵지 않은 것 같은데 말하는 게 힘이 드니?"

"그게 아니고 허리 펴는 게 힘들어요. 그래서 말하기교실에도
안 오고 싶어요."

힘들다는 얘기는 괜한 엄살만은 아니다. 아이들은 잠깐 허리를
펴면서도 굉장히 힘들어한다. 평소 아이들의 잘못된 자세가 굳어
진 결과이다.

아이들이 텔레비전을 볼 때의 자세를 살펴보면 다른 설명이 필
요 없다. 고개를 뒤로 젖히고 입은 반쯤 벌린 채 허리를 굽히고
넋 놓고 보고 있다.

초등학교 1학년 아이들 중에도 수업할 때 허리를 굽히고 수업
을 듣는 아이들이 많다. 그런 아이들은 일상생활에서 힘없이 걸
어다니며 생기 없는 모습이다.

아이들의 잘못된 자세는 발표시간에 특히 두드러진다. 초등학
생 말하기 수업시간, "앞에 나가서 발표 한번 해보자"라고 하면
정말 다양한 몸짓이 나온다.

벌떡 일어나 자신 있게 나서는 아이는 한둘에 불과하다. 이름
을 불렀는데도 책상에 얼굴을 비벼대는 아이, 의자 깊숙이 몸을
숨기는 아이, 못 들은 척 다른 곳을 쳐다보며 딴 짓을 하는 아
이…… 대부분의 아이들이 자기 자리에서 앞으로 나가기까지 보

는 사람이 지칠 만큼 시간이 오래 걸린다. 그런 아이들은 무대 위로 나와서도 표정을 일그러뜨리고 온몸을 비비 꼬면서 발표한다. 이렇게 되면 그 사람의 말을 들어보기도 전에 상대방은 흥미를 잃고 그 말에 신뢰감을 갖지 못하게 된다.

한 사람의 말 태도는, 단지 입에서 내는 소리만이 아니라 말을 하는 사람의 자세나 표정에서 그 말의 가치를 평가받는다. 말할 때 어떤 자세를 하고 있느냐에 따라 그 사람의 이미지가 형성된다. 따라서 잘못된 자세가 굳어지기 전에 먼저 부모가 신경을 써야 한다.

"성민아, 어깨 펴고 하자. 고개 들고 앞을 보고."

"했잖아요. 자세 바로 했는데."

"가슴을 쭉 펴고 고개를 들고 앞을 보자. 스스로 당당한 모습을 만들어야지 남들도 그렇게 봐준단다."

하지만 아이들은 아무리 고쳐주려고 애써도 잔소리로 여겨 짜증만 낸다. 스스로 절실히 느끼지 않으면 쉽게 고치려 하지 않는다.

그럴 때 캠코더로 아이의 모습을 촬영했다가 본인에게 보여주면 아이 스스로 알아서 바꾼다. 일주일에 한 번 정도 촬영해서 차곡차곡 녹화를 해두면 나중에 커서도 좋은 추억이 되고 또 시간이 지나면서 자신의 달라진 모습도 볼 수 있다.

사람들 앞에 섰을 때는 두 다리는 어깨 넓이만큼 벌리고, 두 손은 살며시 주먹을 쥐고 어깨를 펴고 고개가 들리지 않도록 턱은

약간 안으로 당기고 편안하게 앞을 바라본다. 사람들을 따뜻하게
바라보면 더 이상 바랄 게 없다.

2. 표정으로 말해요

"안녕하세요, 민주 어머니. 민주야, 안녕."

민주는 아무 표정 없이 고개만 끄덕인다.

같은 아파트에 사는 초등학교 2학년 민주는 오다가다 자주 만나지만 한 번도 웃는 얼굴을 본 적이 없다. 민주는 예쁘장하게 생긴 얼굴인데도 워낙 무표정하게 다니는지라 왠지 늘 침울해 보일 정도였다. 민주 어머니도 만나는 사람들마다 "민주가 왜 이렇게 표정이 없어요?" 하는 얘기를 한다면서 걱정이었다.

민주가 말하기교실을 찾아왔을 때, 나는 한 시간 동안 내내 아무런 표정 없이 수업을 진행했다. 그러자 민주는 처음엔 어쩔 줄 몰라 하다가 나중엔 시무룩하게 있더니 한참 뒤에 작은 소리로 말했다.

"수업이 재미없어요."

나는 민주에게 이런 방식으로 전염성이 강한 표정의 힘을 알려줬다.

　사람이 어떤 표정을 갖고 있느냐에 따라 그 사람에 대한 이미지는 엄청나게 달라진다. 표정은 자신의 마음을 나타내주기도 하지만, 그 마음은 동시에 상대방의 마음 상태에도 그대로 전달되게 마련이다. 만나면 즐거운 사람이 있는가 하면, 함께 있기만 해도 짜증나는 사람이 있다. 그게 다 표정의 전달력이 아닐까.

　민주와의 수업은 입으로 말하기 공부를 하기 전에 '표정'으로 말하는 것부터 연습했다.

　먼저 민주와 함께 거울 앞에 서서 서로의 표정 찾기를 했다.

　민주에게 자신의 얼굴을 보게 하고, 그 옆에서 내가 웃는 얼굴, 무표정한 얼굴, 찡그린 얼굴을 보여줬다. 어떤 표정이 마음에 드냐고 물으니까 웃는 표정이 마음에 든다고 한다. 당연한 대답이었다. 누가 웃는 낯을 싫어하겠는가. 환한 얼굴, 찡그린 얼굴, 우는 얼굴, 화난 얼굴 등 다양한 표정을 지어 보이며 그에 대한 느낌들을 함께 이야기하면서 표정의 중요성을 민주가 직접 느끼도록 했다. 그런 다음 본격적으로 환하게 웃는 표정, 밝게 웃으면서 이야기하는 걸 캠코더로 녹화했다.

　표정은 마음속의 감정이나 정서 등 심리 상태가 얼굴에 나타나는 것이다. 어려운 상황에서도 일부러 밝은 표정을 지으면 덩달아 마음까지 밝아진다. 밝은 표정은 사람을 빛나게 해준다.

　사실 요즘은 사춘기가 빨리 와서도 그렇겠지만, 고학년으로 갈수록 아이들 표정이 많이 어두워진 걸 느낀다. 학교를 마치고 나

서도 이 학원 저 학원으로 밤늦게까지 뛰어다니며 여유 없이 지내다 보니, 조금만 힘들어도 아이들이 쉽게 짜증내고 공격적으로 대꾸하는 것도 이해가 된다.

그래서 그런지 모든 일에 흥미를 느끼지도 웃지도 않는 아이들이 꽤 있다. 아이들이 밝은 표정을 잃지 않도록 하려면 어떻게 해야 할까? 아이들을 힘들게 하는 교육 환경을 지금 당장 바꾸기는 힘든 문제이니, 아이들이 마음의 부담이라도 덜 수 있도록 따뜻하게 이야기를 나누는 게 필요하다. 수학 문제 몇 개 더 푸는 것보다는 아이의 밝은 표정을 지켜주는 것이 아이들 미래에 더 큰 도움이 된다는 걸 잊지 말아야 한다.

나이를 먹어갈수록 자기 얼굴에 책임을 져야 한다고 하는데, 성형으로 얼굴은 고쳐도 표정은 쉽사리 고칠 수 없다. 아이들의 표정을 만들어가는 데 가장 중요한 환경은 바로 가족이다. 하루

에 한 번, 온 가족이 함께 거울 앞에서 밝은 표정으로 인사를 나
누면서 밝은 표정을 연마하도록 해보자.
　밝은 표정은 전염성이 가장 강한 '말'이다

3. 발음의 기본을 익히자

요즘 아이들은 특별히 언어장애를 갖고 있지 않는데도 대체로 발음이 좋지 않다.

가장 큰 이유는, 부모들이 아이들의 나쁜 발음에 별다른 문제 의식을 느끼지 않고 키운다는 것이다.

아이가 입을 떼기 시작할 때 잘 닦았어야 할 발음을 새삼 훈련을 통해 다시 익히려면, 발음훈련이 지루하고 어렵게 여겨질 수 있다.

발음훈련을 재미있게 할 수 있는 방법은, 아이들이 좋아하는 노래 가사로 발음에 맞는 입 모양을 익히고, 발음에 신경을 쓰면서 노래를 부르도록 가르치는 것이다. 그렇게 하면 아이들은 초롱초롱한 눈빛으로 발음을 익혀나간다.

물론 입 모양을 거의 움직이지 않아도 소리는 나온다. 그러나 각각의 소리에 대한 음가가 있기 때문에 발음에 맞게 입 모양을

 3장 발표력 쑥쑥, 말하는 게 참 재미있다

제대로 해야만 제 음가가 나온다. 실제 입 모양을 제대로 해서 말했을 때와 그냥 흐르듯이 말했을 때를 비교해보면 발음의 또렷함이 얼마나 차이가 나는지 알 수 있다.

정확한 발음은 '제대로 말하기'의 기본이다. 우리가 한글 자모음 24자를 알고 말을 알아가듯이, 이 발음들을 제대로 소리낸다면 그 뒤부터는 훨씬 정확한 발음을 할 수 있다. 기본이 되는 발음을 한번 해보고 어떤 발음이 어려운지, 어떤 발음이 잘 안 되는지를 알아본다.

가 기 구 게 구　　　나 니 누 네 노
다 디 두 데 도　　　라 리 루 레 로
마 미 무 메 모　　　바 비 부 베 보
사 시 수 세 소　　　아 이 우 에 오
차 치 추 체 초　　　카 키 쿠 케 코
파 피 푸 페 포　　　하 히 후 헤 호

가장 중요하면서도 소홀히 여기는 몇 가지 발음을 살펴보도록 하자.

'ㅁ ㅂ ㅍ' 발음을 정확히 하자

대부분의 아이들이 받침으로 오는 'ㅁ, ㅂ, ㅍ' 발음을 제대로 하지 않는데, 'ㅁ, ㅂ, ㅍ' 발음을 제대로 하지 않으면 말 소리가 어설프게 들린다.

‘ㅁ, ㅂ, ㅍ’은 양순음이라서 아랫입술과 윗입술이 만나야 제 소리가 나온다. 그런데 ‘ㅁ, ㅂ, ㅍ’을 발음할 때 입술을 떨어뜨려서 소리를 내기 때문에 ‘함께’가 ‘항께’처럼 잘못된 소리가 나오게 되는 것이다.

“민수야! 놀이동산에 우리 항께 가자” 하면 소리가 새는 것처럼 들린다.

‘항께’가 아닌 ‘함께’로, ‘ㅁ’을 정확하게 발음하면 말의 느낌이 한결 또렷하게 느껴진다.

‘에’와 ‘애’를 구별하자

‘에’는 엄지손가락 하나를 이로 물었을 때 벌어지는 만큼 입을 벌려서 소리낸다.

‘애’는 중지와 엄지를 겹쳐서 넣었을 때 벌어지는 만큼 입을 벌리면 된다.

지난 월드컵 때 사람들이 한결같이 외치던 소리, “대한민국”. 그 소리를 들으면 지금도 가슴이 뭉클해진다. 그런데 모두들 한결같이 대한민국을 /데함밍국/이라고 틀리게 발음했다. ‘데’가 아니라 입을 좀더 크게 벌려서 ‘대’라고 발음했으면 그 느낌은 더 커졌을 것이다.

 3장 발표력 쑥쑥, 말하는 게 참 재미있다

 **'의' 발음을 정확히 하자**

① 단어 맨 앞에 올 때는 /ㅢ/로 발음한다.

　의사 ➡ /의사/

② 단어 사이에 올 때 /이/로 발음한다.

　한의사 ➡ /하니사/

　수의사 ➡ /수이사/

③ 단어 끝에 올 때 /이/로 발음한다.

　민주주의 ➡ /민주주이/

　신비주의 ➡ /신비주이/

④ 뒤의 단어를 꾸밀 때 /에/로 발음하는 게 말하기도 듣기도
　편하다.

　원숭이의 손 ➡ /원숭이에 손/

　그이의 ➡ /그이에/

 **'오'와 '우'를 정확히 발음한다**

　아이가 말할 때 입 모양을 가만히 지켜보면 거의 대부분 아이
들이 '오'와 '우'를 구별하지 않는다. '으' 비슷한 하나의 입 모양
을 하고 입을 아주 조금 벌린 채로 온갖 발음을 다 한다.

우리가 놀러 갔을 때 민주가 먼저 와 있었어요.

→ /으리가 널러 갔을 때 민즈가 먼저 와 있었어여./

‘오’와 ‘우’ 발음만이라도 제대로 한다면 말의 뜻이 훨씬 정확하
게 들린다.

생활속에서 올바른 발음을 연습하자

효고 교장 홍 교장 관광 과장 강 과장
중앙청 창살은 쌍창살 경찰청 창살은 외창살
뜰에 콩깍지 깐 콩깍지인가 안 깐 콩깍지인가
일곱 새 삼베 새 베갯잇
쇠돈 궤짝 새 궤짝 외줄 횃대 헌 횃대

(『옛이야기 들려주기』, 서정오 지음, 보리)

좀 어려운 발음이라서 한 번에 쉽게 따라하진 못하지만 발음을
제대로 하려고 애쓰기도 하고 소리가 우습게 나면 한바탕 웃기도
한다.

사실 어려운 발음 같지만, 우리 생활 속에서 실제로 많이 쓰이
는 발음이다. 실제 이 발음을 해보면, 잘하는 사람이 몇 안 된다.
많은 사람들이 발음을 대충 하고 있다는 것이다.

예를 들면 ‘외줄 횃대’ 같은 경우 그냥 ‘에즐 해때’라고 발음하

  3장 발표력 쑥쑥, 말하는 게 참 재미있다

는 경우가 많다. 이렇게 발음하면 발음이 나지 않는 '우'나 '외'의 발음은 입에서 잊혀지고 만다.

재미삼아 집에서 식구들이 함께 연습해보자. 부모들도 발음에 대해 관심을 가져보는 기회가 될 수 있으며 아이도 부담스럽지 않게 발음을 배울 수 있다.

해야 해야 잠꾸러기 해야 이제 그만 나오렴
김칫국에 밥 말아 먹고 이제 그만 나오렴
(〈해야 해야 잠꾸러기 해야〉, 백창우 노랫말)

노래를 따라 부르면서도 발음에 맞는 입 모양을 연습할 수 있다. 발음에 맞게 입 모양을 움직이면서 노래를 부르면 좀더 또렷하게 소리가 나온다는 걸 스스로 느낄 수 있다.

아이가 좋아하는 쉬운 노래를 선택해 노래를 부르면서 거울을 보며 입 모양을 만들어가면 좋다. 아이의 입 모양을 비디오로 찍어서 함께 봐도 좋고, 거울을 직접 보면서 고쳐나가도 도움이 된다. 녹음기에 녹음해서 비교해보면 훨씬 쉽게 잘못된 발음을 찾아낼 수 있다.

이렇게 발음에 맞는 입 모양을 익히고 그 발음에 맞게 부지런히 입 모양을 움직이다 보면 정확한 발음을 소리낼 수 있게 된다.

4. 뉴스 앵커처럼 말해보아요

아이들이 어린이집이나 유치원, 초등학교에서 단체로 글을 읽
는 모습은 마치 합창하는 광경을 보는 듯하다.

일정한 속도를 유지하며 리듬을 타면서 책을 읽어나가는 모습
이 언뜻 귀여운 풍경으로 보일 수도 있다. 그러나 글을 처음 배울
무렵부터 음을 타듯이 이렇게 글을 읽으면 자칫 그 어투가 아이
들의 입에 완전히 익어버릴 위험이 있다. 평소에 말을 할 때는 각
기 다른 말버릇을 보이던 아이들이 발표를 시켜보면 대개 비슷한
톤으로 말하는 것을 많이 보았을 것이다. 아이들이라서 어려서
그렇겠지 하겠지만 중학생이 돼서도 이런 버릇은 쉽게 버리지 못
하는 경우가 많다.

이뿐만 아니라 말끝을 늘이거나 말 중간 중간 '어……
어……' 하는 군더더기 말을 하는 경우도 듣기에 거슬리는 말투
다. 이런 말투를 쓰면, 말하려는 게 무엇인지 내용이 흐려지고 들

 3장 발표력 쑥쑥, 말하는 게 참 재미있다

는 사람들은 답답함을 느끼게 된다.

말투가 하루아침에 입에 배는 게 아닌 것처럼 짧은 시간 내에 잘못된 말투가 고쳐지는 것은 아니지만, 꾸준히 노력하면 좋은 말 습관을 가질 수 있다.

표준 말투를 연습하기 위해서는 뉴스 따라하기를 해보는 것이 좋다.

아나운서가 되면 그 순간부터 올바른 말하기 연습의 교본이나 다름없는 '뉴스 훈련'에 돌입한다.

제대로 된 아나운서를 만드는 과정 속에 가장 기초가 되는 뉴스는, 평소에 마구 쓰던 말들을 깔끔하게 정돈할 수 있는 훌륭한 지침서이다. 뉴스 훈련을 하다 보면, 음을 타면서 이야기하는 말투를 바로잡을 수 있고 말끝이 늘어지거나 흐려지는 등의 거슬리는 어투를 버릴 수 있다. 또한 뉴스 원고의 특성상, 내용의 의미를 구분해서 읽는 연습이 된다.

뉴스 원고를 읽을 때는 자기만의 표정을 찾고 바른 자세로 앉아서 하는 게 좋다. 캠코더로 녹화하거나, 여건이 안 된다면 거울을 보면서 연습하면 훨씬 더 효율적이다. 그 모습을 통해 자세를 바르게 하고 멋진 표정을 지으며, 자기가 소리내는 발음에 대해 스스로 생각해볼 수 있다.

뉴스 원고를 가지고 앵커 연습을 해본 다음에는, 뉴스 원고의 틀에 맞춰 실제로 뉴스를 작성해보는 단계로 넘어간다.

생활 속의 이야기를 뉴스로 만들어보는 것이다. 먼저 가볍게 일기를 쓰듯이 그날 있었던 일을 육하원칙에 맞게 써본다.

'누가 언제 어디서 무엇을 어떻게 왜 했나.'

이렇게 뉴스 원고를 작성하는 연습을 하다 보면, 상황을 정확하게 이야기하면서 논리적으로 말하는 것을 익힐 수 있다.

자신이 직접 만든 뉴스로 텔레비전에 나오는 앵커처럼 연습을 해보면, 자신이 쓴 글이기 때문에 읽으면서 내용을 정확하게 파악하여 자신 있고 당당하게 말할 수 있다.

  3장 발표력 쑥쑥, 말하는 게 참 재미있다

안녕하십니까? 오지후입니다.

저희 아빠는 운동을 잘 하시고 참 건강하십니다. 그리고 무엇이든지 최선을 다하시는 모습이 자랑스럽습니다. 얼굴에 점이 많지만, 얼굴형이 계란형이고 미남입니다. 저를 보실 때마다 얼굴에 재미있는 장난기가 발동하며 항상 웃음이 가득 찹니다.

저희 엄마는 요리를 잘하시고 정이 많습니다. 이목구비가 뚜렷한 얼굴에 눈이 참 예쁘고 눈썹이 진해 매력적입니다.

제 얼굴은 작고 멋진 편이며 제일 예쁜 곳은 눈이고 제일 못난 곳은 이입니다. 또 얼굴 표정과 웃을 때 눈이 작아지는 것은 아빠를 참 많이 닮았습니다.

저는 영어, 미술, 성악, 서예, 바이올린 연주를 잘합니다. 제 꿈은 앵커우먼이나 외교관이 되어 우리나라에서 꼭 필요한 인물이 되는 것입니다. 열심히 노력해서 제 꿈을 꼭 이룰 것입니다.

우리 가족은 모두 다 즐겁고 명랑하고 행복합니다.

서울 서이초등학교 4학년 오지후

***

안녕하십니까? 강태웁니다.

우리 엄마는 저와 동생을 잘 챙겨주시고 돌봐주시느라 늘 바쁘십니다.

그리고 운동회 때 달리기를 하셨는데 백군의 어머니를 역전하셨습니다. 운동을 참 잘하시는 것 같고 또 멋진 분입니다.

그리고 우리 아빠는 열심히 회사에 다니십니다. 운동을 잘하시는데 그 중에서 축구를 잘 하십니다. 저하고 잘 놀아주시기도 합니다.

우리 동생은 용감하고 달리기를 잘합니다.

다음에 온 가족이 다 달리기를 해봐야겠습니다. 그 결과는 다음에 알려드리겠습니다.

서울 서이초등학교 3학년 강태우

축구 뉴스

안녕하십니까? 서이초등학교의 이동줍니다.

오늘은 학교에서 재미있었던 일에 대해서 알려드리겠습니다.

우리 반 남자애들은 화요일마다 축구를 합니다. 왜냐면 화요일이 특활시간이기 때문입니다.

그런데 이번 축구시합은 팀도 짜지 않고 페널티킥으로 진행을 했습니다. 그래서 25대 0으로 대승을 했습니다.

재미는 있었지만 아주 어이없는 축구였습니다. 앞으로는 축구를 할 때 팀을 잘 짜고 축구경기를 제대로 하길 바랍니다.

서울 서이초등학교 3학년 이동주

5. 날씨 이야기를 해요

살아가면서, 처음 겪는 낯선 상황에서 새로운 사람들을 만나게
될 일은 언제 어디서건 많이 생긴다.

그럴 때 가장 쉽게 건넬 수 있는 얘기가 날씨 안부다. 날씨 얘
기를 나누면서 어색한 분위기를 없애고 대화를 진행해가는 것이
다.

말거리 중에서 날씨 얘기쯤은 두둑하게 비축해놓는 게 필요하
다. 그래서 나는 말하기교실을 찾아오는 아이들에게 "안녕"이란
인사 뒤에 꼭 날씨 이야기를 덧붙이도록 부탁한다.

"안녕, 아 정말 덥군. 구름으로 팥빙수를 해먹고 싶은 날씨야."

"불가마가 따로 없어요."

"숨이 턱턱 막히는 더위예요."

"머리에 불이 붙었어요."

이렇게 똑같은 더위라도 자신의 느낌이나 생각을 담아서 아이

들과 특별한 인사를 나눈다. 날씨 하나를 통해서도 다양한 표현을 나누고 서로 생각의 폭을 넓히는 것이다.

일기를 쓸 때도 별 생각 없이 '맑음', '흐림', '비'라고 단순하게 쓰는 것보다 날씨를 구체적으로 표현하는 게 좋다.

하루의 생활이나 자신의 감정 상태를 날씨에 비교해서 거꾸로 표현해보는 것도 재미있는 일이다.

날씨 기사로 기상 캐스터가 돼보는 것도 아주 좋은 말하기 연습이다.

안녕하세요?/ 날씨를 전해드리겠습니다./

오늘 하루′ 하늘에는′ 구름이 가득한 날씨였습니다./

오후 늦게′ 호남과 제주 일부지방에는′ 비가 내리기 시작했고∨ 내일 오전까지′ 영남과 제주 일부지방에는′ 비가 조금 내릴 것으로 보입니다./

그 밖의 지방은′ 구름이 많이 끼겠고∨ 일요일쯤′ 또다시′ 전국에′ 비가 내릴 것으로 보입니다./

내일은′ 남쪽 해상을 지나가는 저기압이 빠져나가고∨ 고기압의 가장자리에서′ 전국에 구름이 많이 끼겠고∨ 모레쯤′ 또다시′ 서쪽에서 많은 구름들이 들어올 것으로 예상됩니다./

일요일 오후부터 비가 내려∨ 월요일까지 이어지겠습니다./ 그러나∨ 이 비가 그치고 나면′ 맑고 포근한 날씨가′ 이어질 것으로 예상됩니다./

날씨였습니다./

′표시는 짧게 의미 구분만 해주면 된다는 표시이다. 부사나 주어, 목적어에서 살짝 의미 구분을 해준다. 반의 반 박자 정도 쉰다고 생각하면 되는데, 쉬는 듯 쉬지 않는 듯하면 된다.

　예) 그날도′ 마을 모든 아이들이′ 계란 굴리기 시합을 하기 위해∨ 트라이플 박사의 집 앞에 모였다./

∨표시는 복문으로 돼 있는 문장을 한 문장 한 문장으로 나누어 읽을 때 반 박자 정도 쉬어주라는 표시이다. 복문을 나누어서 읽으면 의미를 더 쉽게 전달할 수 있다.

　예) 우리가 온전한 사람이 되려면,∨ 내 마음을 내가 쓸 수 있어야 한다./

　　그것은′ 우연히 되는 것이 아니고∨ 일상적인 대인관계를 통해서만 된다./

/표시는 문장이 끝났을 때 한 박자 쉬어가라는 표시이다.

떼어읽기에서 정해진 규칙은 없다. 사람들마다 입에 맞게 편하게 떼어서 읽으면 된다. 하지만 위에서 설명한 떼어읽기 방법을 참고한다면 자신이 말하고자 하는 바를 더 편안하고 명확하게 전달할 수 있을 것이다.

일기예보와 뉴스는 아나운서를 시작하면서부터 그만두는 날까지 해야 한다.

일기예보는 말하기의 일정한 틀을 갖고 있어 호흡 조절과 띄어 읽기를 쉽게 익힐 수 있고, 정확한 발음을 연습하며 거슬리는 어투를 고칠 수 있다. 그리고 날마다 조금씩 달라지긴 해도 비슷한 상황이 여러 날 이어지기 때문에 식상하지 않게 새롭게 표현하는 능력을 갈고닦을 수 있다.

이렇게 날씨에 대한 느낌이나 생각 또는 날씨로 인해 생긴 일을 나누다 보면, 아이들은 하늘을 한번 더 쳐다보면서 자연을 느낄 것이고, 오늘 날씨는 어떻게 표현할까 고민하면서 표현력과 순발력도 키워나가게 된다.

6. 수수께끼 게임으로 대화를 나눠요

한 방송사 프로그램 중에, 어떤 단어에 대한 아이들의 생각을 퀴즈로 내면 어른 연예인들이 그것을 푸는 형식으로 꾸며진 프로그램이 있다.

아이들이 내는 문제는 기발하고 기상천외한 상상력으로 넘친다. 어떻게 그런 생각을 했을까 싶지만, 아이들의 상상력은 언제나 어른들을 앞서간다.

하지만 그 상상의 나래를 펼치게 하기 위해선 제작진들의 끊임없는 노력이 크게 한몫을 한다는 신문기사를 읽은 적이 있다. 아이들이라 생각에 한계가 있는 만큼, 끊임없는 대화를 하면서 아이 스스로 생각을 자유롭게 펼쳐나가도록 환경을 만들어준다는 것이다. 그러면 어느새 아이들은 자신들의 생각주머니에서 기발하고 아이다운 재치를 술술 꺼낸다고 한다.

수수께끼 1. "얘는 절대 먼저 말을 거는 법이 없어요."

　　　　(실마리) ─말대꾸를 해요.

　　　　　　　─말을 하면서 슬슬 도망가요.

　　　　　　　─점점 멀어져요.

수수께끼 2. "내 것이지만 나도 잘 모르는 거예요."

　　　　(실마리) ─어떤 땐 내 걸 너무 보고 싶어서 밤새도록 눈뜨고

　　　　　　　있어도 못 봐요.

　　　　　　　─성격이 나타나요.

　　　　　　　─새우, 개구리, 나무토막 같은 게 있어요.

　　　　　　　─처음과 끝이 달라요.

답) 1. 메아리　2. 잠버릇

그 프로그램에서 일곱 살 여자아이가 낸 문제인데, 너무나 인상적이어서 일부러 메모해둔 것이다. 문제만 들어보면 너무나 엉뚱한 얘기라 아무것도 상상할 수 없어 황당하지만, 답을 확인할 때마다 머리를 탁 치며 "아하, 그렇구나"를 연발하게 된다.

이렇게 사물에 대한 상상력을 펼쳐나가다 보면 창의적인 생각을 만들어가는 힘이 저절로 생겨난다. 말은 생각을 밑바탕 삼아 언어의 형체로 나오는 것이기 때문이다.

말하기교실에서도 말놀이를 통해서 생각을 키우는 훈련을 중요하게 다룬다. 그 중에서도 가장 호응이 높은 게 바로 수수께끼이다.

아이들은 대부분 부모의 권유로 말하기교실을 찾아오기 때문에 대부분 처음엔 말하기교실 자체를 부담스러워한다. 그런데 수수께끼 시간만큼은 아이들의 얼굴이 환해지며 다들 신이 나서 수업에 참여한다.

무대에서 한 명이 수수께끼를 내면 그 앞에 앉아 있는 다른 친구들은 각자가 생각한 답을 풀어낸다. 수수께끼를 낸 아이는 단서가 될 만한 실마리를 주기 위해 좀더 다양한 생각들을 끄집어내게 된다. 사물을 다른 것에 빗대어 말하기 위해 스스로 그 사물에 대한 생각의 폭을 넓혀나가게 되는 것이다. 또한 무대에서 수수께끼를 내면서, 자연스럽게 여러 사람을 상대로 자신의 입장을 밝히는 연습을 하게 되고 대중을 이끌어가는 힘을 기르게 된다.

대답하는 아이들은 답을 생각하면서 상상력을 키우고, 또한 여러 가지 실마리를 종합해 답을 유추해나가는 과정 속에서 이해력을 키운다.

나이에 따라 수수께끼 시간은 상상력과 논리력의 차이를 드러낸다. 초등학교 4, 5, 6학년은 표현도 재미있게 하고 과정도 논리적으로 풀어나간다. 반면 초등학교 저학년 아이들은 수수께끼에 나오는 단어 하나만으로 전혀 엉뚱한 대답을 하는 경우가 많다. 그러나 그럴 때도 어이없어 하거나 무시하면 안 된다. 그건 그 나이 또래로서의 이해 수준이고 그에 따른 상상력인 것이다.

수수께끼는 집에서 부모들이 써먹으면 좋을 대화법이기도 하다. 아이들과 얘기하고 싶은 마음에 "우리 얘기나 좀 나눌까?" 한다고 해서 대화가 술술 나오는 건 아니다. 진지하게 말을 걸려고 하면 오히려 대화를 쉽게 풀어나가기 어렵다. 얘기도 했던 사람하고 해야 그 꼬리가 계속 이어지기 마련이다. 아이와 어쩌다 한 번씩 얘기를 나눌 때 진지한 얘기만 나누다 보면 금세 시들해지고 부담스럽게 된다.

직장 때문에 아이들과 많은 시간을 갖기 어려운 부모라면 짧은 시간에 재미있게 얘기를 끌어낼 수 있는 것으로 수수께끼 말 걸기 작전이 최고다.

가족이 다 모였다면 수수께끼를 풀어나가는 게 좋고, 1대 1로 말놀이를 하고 싶다면 끝말잇기나 스무고개를 하면 좋다. 끝말잇기는 어휘력을 향상시킬 수 있고, 스무고개는 표현력과 상상력을 키울 수 있다. 이때 집 안에 있는 물건이나 아이가 좋아하는 게임, 또는 서로에게 관련된 문제를 내는 게 좋다. 이렇게 수수께끼 놀이를 하면서 아이와 말을 나누면, 아이는 무엇보다 말하는 것에 부담을 느끼지 않으면서 자연스럽게 말하는 법을 배울 수 있다.

아빠: 자, 아빠가 먼저 문제를 낼게. 이건 모르는 게 없다.
　　　(인터넷, 컴퓨터)
아빠: 자, 아빠가 지금 뭘 생각했는지 한번 맞춰봐. 아빠가 좋아하는 거야.
아이: 먹는 거야?

아빠: 아니.

아이: 그럼 타는 거야?

아빠: 아니.

아이: 우리 집에 있어?

아빠: 우리 집에 있어.

아이: 우리가 자주 쓰는 거야?

아빠: 그럼, 아주 자주 쓰지.

아이: 재미있는 거야?

이렇게 스무고개를 해가는 동안 아이는 말하는 것에 집중하고 자기가 알고 있는 모든 생각과 표현을 동원해서 상상의 나래를 편다. 그리고 대답의 연관성을 따져가며 논리적으로 생각하는 힘을 기르게 되고, 말하는 게 참 재미있다는 걸 생활 속에서 알아가게 된다. 어른들 역시 아이들이 보는 시각을 다시 한번 경험하면서 상상의 날개를 마음껏 펼치는 아이들의 창의적인 생각과 만날 수 있어 즐겁다.

7. 가족토론을 통해 논리력을 길러요

요즘은 '토론 시대'라고 불릴 정도로 사회 곳곳에서 많은 토론이 이루어지고 있다.

시대의 유행이나 흐름을 가장 잘 반영하는 방송에서도 토론 프로그램이 예전에 비해 부쩍 많아졌다. 얼마 전엔 드디어 어린이 토론 프로그램까지 생겼다. 인기 없고 재미없는 프로그램으로 여겨졌던 토론 프로그램이 뜨고 있는 현실이다.

하지만 토론의 수준은 아직 그다지 높아지지 않은 것 같다. 토론 프로그램에 나온 토론자들은 다른 의견을 가진 상대편과 의견을 나눈다기보다는 말싸움이나 감정싸움을 하는 모습을 많이 보인다. 상대방의 의견을 다르다고 여기기보다는 틀리다고 치부하면서 자신의 주장만을 내세울 때가 많다.

기대를 갖고 시청했던 어린이 토론 프로그램에서도 아쉬운 점이 많았다. 가장 아쉬우면서 눈에 거슬리는 모습은 토론자로 나온 아이들이 자기 의사를 줄줄 외우는 모습이었다. 아이들은 억양까지 책 읽는 투 그대로였다. 너무나 부자연스러운 아이들의 말투를 들으면서 얼마나 안타까웠던지 모른다. 방송이라 떨린 탓도 있었겠지만, 아이들이 토론문화에 익숙하지 못한 탓이 더 크다는 생각이 들었다.

토론이란 나와는 다른 의견이 있다는 걸 인정하는 자리다. 토론은 나의 생각을 조리 있게 표현하고, 남의 얘기를 진지하게 듣고, 서로의 의견을 나눠서 합의점에 도달하는 방식으로, 말하기만큼 중요한 듣는 자세를 익힐 수 있는 과정이다.

토론은 찬반이 생길 수 있는 한 가지 주제에 대해 자신의 생각과 다른 사람의 생각을 교환하며 옳고 그름을 가늠해볼 수 있는 자리이다. 따라서 자신의 생각을 다른 사람들이 알아듣기 쉽게 논리적으로 얘기하도록 하고, 상대방이 말하는 의도와 목적, 사실과 의견을 정확하게 파악하며 들어야 한다. 특히 상대방이 말할 때는 딴청을 피우거나 잡담을 하지 말고, 상대가 말실수를 했다고 해서 비웃으면 안 된다. 아이들의 경우, 토론하기에 앞서 토론의 예절을 지키도록 규칙을 정할 필요가 있다.

이런 토론 능력을 한두 번의 토론을 통해서 키우기는 힘들다. 어릴 때부터 지속적인 연습을 통해 몸에 익혀야지만 토론의 과정에 제대로 참여할 수 있다.

다음은 말하기교실에서 아이들이 토론하는 모습이다. 토론의 아주 기초적인 모습을 담아보았다.

사회자(안나윤): 주제는 요즘 우리들에게 인기 좋은 '바퀴 달린 신발을 신어야 하나?'로 정했습니다. 찬성과 반대로 나눠서 이야기해보겠습니다.

찬성팀: 유제승, 임은영, 심효식, 신동걸, 최연재, 박준모
반대팀: 김승준, 도세희, 심효진, 한호정, 최소희, 김다현

사회자: 먼저, 바퀴 달린 신발을 신어야 한다고 주장하는 사람들의 생각을 듣겠습니다. 자유롭게 의견을 내주십시오.

제승: 걷기 싫거나 다리가 피곤할 때 쉽게 탈 수 있습니다.

은영: 타다가 넘어진 적이 있지만, 다쳤을 때도 타는데 다리가 안 아파요. 다리를 다쳐도 탈 수 있어요.

사회자: 다리를 다쳐도 탈 수 있다는 얘기가 무슨 말인지 정확하게 다시 얘기해주세요.

은영: 다리에 상처가 나도 걷는 것보다 차라리 바퀴 달린 신발을 타는 게 덜 아파요.

효식: 재미있는 놀이입니다. 타면 기분이 좋아지거든요.

연재: 급할 때 빨리 갈 수 있어서 좋아요.

사회자: 찬성하는 이유를 들어봤는데요. 반대하는 팀에서도 할 말이 많은 듯합니다. 얘기 들어보죠.

승준:　너무 오래 타면 다리에 무리가 갑니다.

세희:　바퀴 달린 신발은 비싸고 위험합니다. 주변에도 다친 친구들이 많아요.

효진:　뒤로 넘어가서 다리를 다치거나 허리를 다쳐요. 높이가 높아서 걸을 때 불편했어요.

호정:　바퀴를 도둑맞기도 합니다. 바퀴 달린 신발을 신고 달리는 것보다 뛰는 게 더 빨라요.

사회자:　찬성팀과 반대팀 모두 정말 좋은 의견을 많이 얘기해주셨습니다. 이번에는 의견을 서로 자유롭게 주고받는 시

간을 마련했습니다.

준모: 위험하다는 애기를 많이 하는데, 연습을 많이 하면 그다
지 위험하지 않아요. 바퀴를 자유롭게 뺄 수도 있어요.

소희: 바퀴를 뺀다고 해도 바퀴를 뺀 곳에 돌 같은 게 걸려서
넘어질 수도 있어요. 너무 자주 뺐다 끼었다 하면 바퀴가
쉽게 빠져버릴 수 있어서 위험하죠.

동걸: 좋은 건 안 빠져요. 인라인 스케이트는 바퀴를 뺄 수 없
는데 힐리스는 바퀴를 바닥 안으로 넣었다 뺐다 할 수 있
어서 어디서나 탈 수 있고 걸어다닐 수 있어요.

다현: 하지만 급경사에서는 넘어져요. 미끄러운 곳에서는 속도
가 빠르니까 넘어질 위험이 있어요. 걸을 때 뒤로 넘어가
고요.

사회자: 힐리스를 신고 탈 때 장단점을 하나하나 잘 말씀해주셨
는데요, 의견 잘 들었습니다. 바퀴 달린 신발이 값이 비
싼 건 정말 비싸던데 갖고 싶어도 사지 못하는 친구들을
한번 생각해봤으면 합니다.
참! 꼭 잊지 말아야 할 게 있죠?
헬멧이나 안전 장치를 하고 타야 하는 것, 기억하시고요.
고맙습니다.

토론사회에서 자기의 의사를 자연스럽게 표현할 수 있는 사람
이 되기 위해서는 많은 토론 경험이 필요하다.

 3장 발표력 쑥쑥, 말하는 게 참 재미있다

학교에서 수업시간이나 학급회의를 통해 토론을 익힐 수 있지만, 많은 아이들이 한꺼번에 참여하는 자리라서 골고루 발언할 기회를 미처 얻지 못할 수 있다.

따라서 가족회의나 가족토론을 통해, 토론 과정에 익숙해지도록 하는 게 필요하다. 부모의 일방적인 결정도 좋지 않지만 아이들의 요구를 무조건적으로 들어주는 것도 좋은 방법이 아니다. 부모와 자식의 관계가 자칫 명령하면 복종하는 관계로 되기 때문에, 가족토론은 서로 의견을 나누고 존중하는 관계로 만드는 시간이 될 수 있다.

컴퓨터 이용시간, 학원 다니는 일, 메이커 용품을 요구하는 아이들, 아버지의 금연, 엄마의 잔소리처럼 부모와 아이들 사이에 많이 다투는 문제에서부터 사회의 민감한 일까지 함께 의견을 나눠보는 것이다.

이런 토론을 통해 아이들은 상대의 이야기에 집중하는 능력을 키우게 된다. 상대의 말을 집중해서 들어야 그것을 정확히 이해하고 자신의 논리를 펴나갈 수 있기 때문이다.

토론은 한 가지 사안에 대해 생각의 폭을 넓힐 수 있어, 좀더 논리적으로 사고하고 합리적인 정보를 토대로 자신의 입장을 표현하는 훈련의 장이 될 수 있다. 많은 토론의 경험을 통해 아이들은 자기 의사를 자연스럽고 당당하게 표현할 수 있는 힘을 키우는 것이다.

8. 맛있는 요리하면서 재미있는 말하기 연습해요

민정이는 책을 읽을 때나 주어진 원고를 보면서는 의미 구분도 잘 하고 제법 또렷하게 잘 읽는다. 그런데 평소 이야기할 땐 말수도 적고 말이 참 짧다.

"민정아, 밖에 꽃이 많이 피었던데 어떤 기분이 드니?"

"좋아요."

"그렇게 짧게 말고 마음을 이야기로 풀어서 들려줘보렴. 어떻게 좋은데?"

"정말 좋아요."

"뭐가 좋은데?"

"다요."

"다 어떤 거?"

"everybody요."

민정이뿐만 아니라, 요즘 아이들의 말은 대부분 짧고 간단한 경우가 많다.

컴퓨터, 핸드폰, 인스턴트 음식 등 직설적이고 빠르고 간단한 문화에 익숙해지고, 아이가 한 마디만 해도 뭐든 알아서 챙겨주는 부모들이 있어, 아이들은 특별히 여러 표현을 해야 하는 필요성을 느끼지 못한다. 그러다 보니 다른 사람들 앞에 서서 자기 의견을 구체적으로 표현하는 게 서툴기만 하다.

자신의 생각을 제대로 표현할 수 있는 아이로 키우려면 어떻게 하는 게 좋을까?

표현력의 밑바탕에는 책을 읽는 것만큼 중요한 것은 없다. 독서를 바탕으로 해서, 거기에 자신이 알고 있는 생각을 입 밖으로 꺼내야 한다. 그래야 비로소 그 지식들이 머릿속에 각인되어 자신의 말이 된다.

생각만 많고 말을 안 하면 말의 표현력은 성장할 수 없다. 말에 생명력을 불어넣어주는 노력이 필요한 것이다. 흥미 있는 말놀이를 통해 아이들에게 표현의 재미를 알려줄 필요가 있다.

말하기교실을 통해 많은 아이들을 만나면서, 아이들이 과학실험이나 요리를 참 좋아한다는 것을 알게 되었다. 그래서 집에서도 쉽게 할 수 있는 요리법을 이야기해보기로 했다.

역시 요리 얘기가 나오면서 아이들은 이것저것 아는 것을 한 마디씩 쏟아내기 시작했는데, 막상 앞에 나와서 설명하라고 하면 고개를 흔들면서 조용해졌다. 아이들은 아는 이야기라 하더라도 그것을 차근차근 조리 있게 정리해서 말하기를 힘들어하고, 어디 서부터 시작해야 하는지를 모른다.

이럴 땐 가장 간단한 걸 시범으로 보여주면 된다.

제가 좋아하는 요리, 문어 고추장 조림인데요.

재료의 주인공은 싱싱하고 잘생긴 살아 있는 문어, 여기에 조연은 고추장, 요리 무대는 프라이팬 큰 거, 문어 먹물이에요.

도마는 아주 튼튼한 걸로 준비하세요.

우선 산 문어(산에 사는 문어 말고)를 칼로 쾅! 머리부터.

이때 하이라이트, 문어 먹물은 담아 두었다가 간을 맞출 때 쓰면 좋아요.

하지만 잘못해서 비위 나쁜 사람이 먹었다간 난리가 나지요.

그 다음 다리를 하나하나 잘라가세요.

그리고 문어발이 움직여서 탈출할 경우 칼을 던져 집어야 해요. (아주 위험합니다. 12세 미만은 절대 안 됩니다.)

자른 문어를 고추장에 놓으면 알아서 수영합니다.

거기다가 야채를 넣어서 프라이팬에 구우면 끝.

서울 원명초등학교 5학년 구본승

먼저 어떤 요리를 만들지 정하고, 그 다음 준비해야 할 재료, 만드는 방법을 이야기하도록 예를 들어주면, 아이들은 이야기를 술술 풀어낸다.

　특별히 재료를 준비하지 않아도, 종이에 재료 이름을 적어놓고 종이 요리를 해보는 것도 재미있다.

　어릴 때는 내 손으로 직접 음식을 만들고 싶다는 욕구가 강하다. 요리를 하면서 아이들을 참여시켜 음식에 관한 여러 이야기를 나눈다면 그야말로 산 경험이다.

　실제로 한 엄마는 음식 만들 때 아이를 옆에 앉혀놓고 요리강습을 펼친다고 한다. 오늘은 어떤 음식을 만들 거며, 필요한 재료의 이름과 효능, 맛, 색깔을 알려주고 그것을 튀기는지 볶는지 굽는지 데치는지 삶는지 알려준다. 그러고 나서 색깔이 어떻게 달라졌는지 비교도 해보고 질문도 하고 아이에게 다시 이야기를 해보게 하면서 식사시간마다 말의 즐거움을 나눈다. 그래서 그런지 그 아이는 같은 말이라도 다른 표현들을 찾아 쓰고, 이야기하는 걸 즐겁게 생각한다. 애써 어색하고 진지한 대화시간을 갖기보다는 맛있는 식사시간에 즐거운 대화를 나누는 것이다.

지글지글, 보글보글, 뽀르륵, 누르스름하다, 푸르죽죽하다, 빛깔이 곱다, 새콤달콤, 매콤, 쌉싸름하다, 눅눅해졌다. 딱딱하다, 물렁물렁하다, 축축하다, 바싹 말랐다…….

요리를 통해 말하기를 연습하면, 감정 표현이 풍부해지고, 이야기를 풀어가는 흐름을 익히게 되며, 맛있는 요리를 통해서 맛있는 말을 생각해내어 재미있는 말을 익혀나갈 수 있다.

9. 그림 보며 이야기 꾸며요

 그림이야기 수업 하나! **그림 보며 이야기 만들기**

이 그림을 보고 적당한 상황을 만들어서 이야기를 써넣어보세요.

딱딱하게 글을 쓰듯이 써넣지 말고 재미있게 이야기를 말하듯이 써야 해요.

말하듯이 쓰는 예를 하나 들어주겠어요.

'엄마가 학교에 오셨습니다. 그래서 엄마와 저는 같이 학교에서 나왔습니다. 길을 가다가 친구 동수를 만났습니다. 동수가 제게 말을 걸었습니다'라는 표현이라면,

'엄마가 학교에 오셔서 함께 걸어 나오는데 동수를 만났어. 나한테 오늘 숙제가 뭐냐고 해서 수학 익힘 책을 보고 문제를 풀어오는 거라고 가르쳐줬어.'

이렇게 옆의 누군가에게 이야기를 들려주듯이 쓰고 말하는 것

입니다.

아래 장면의 그림을 잘 살펴보고 이야기의 흐름을 본 다음에
재미있는 표현들을 써서 이야기를 만들어보세요.

 3장 발표력 쑥쑥, 말하는 게 참 재미있다

서울교대부설초등학교 2학년 강인

1

예리랑 재훈이랑 만났어.

2

재훈이가 예리보고 "너 발레 잘 하냐?"고 물었어.

3

그랬더니 예리가 "어, 나 발레 엄청나게 잘해!" 하며 잘난 척을 했어.

4

재훈이가 "어, 그래. 그럼 우리집에 가서 발레 해봐. 그런데 지금은 하지 마."라고 하는 거야.

5

재훈이가 소리쳤어. "지금 하지 말라니까." 그런데도 이런?! 예리가 왜 이러는 거지?

6

재훈이가 "도망가야지." 하면서 달아나는 거야.
예리가 하는 말. "어머나!"

1

2

3

 3장 발표력 쑥쑥, 말하는 게 참 재미있다

5

6

<아이들이 그림에 써넣은 예>

1

날씨 좋은 날 스컹크와 고양이랑 놀고 있었어요.
스컹크가 어디를 갔다온대요. 고양아는 스컹크가
안 오니까 걱정이 돼, 스컹크가 있는 쪽으로 향해갔어요. 그런데,
멧돼지가 스컹크를 쫓고 있었던 거예요. 그래서 고양이는 고민을 했어요.
"어떻게 할까?"

2

마침내 스컹크는 자기의 고약한 냄새가 나는 방귀를 뀌었어요. 멧돼지는 그 방
귀 때문에 쓰러졌어요. 멧돼지 눈이 빙글빙글.

3

고양이가 똑같이 놀려주고 싶었나 봐요. "개야, 우리 놀까?" 고양이가 잠꾸러기
마미를 깨우며 말했어요. "아, 왜 날 깨우고 난리야." 개가 말했어요.

4

잠을 깨우고 거기다 놀리기까지!
개가 화가 나서 고양이를 쫓고 있었어요. "메롱!"

5

"응~가!!!" 고양이가 힘을 주어서 방귀를 뀌었는데, 세상에!
조그만한 똥이 나왔어요.

6

"어잉? 왜 방귀가 안~나~오~지?"
개가 웃겨서 배꼽을 잡고 웃었답니다. "깔깔깔."

처음에 아이들에게 그림을 보고 이야기를 만들어보라고 하면 못 한다고 고개를 설레설레 흔들곤 한다.

그럴 때는 먼저 그림에 대한 상황을 간단하게 설명해주고, 그림을 보고 느낀 점을 얘기해보게 하면서 이야기를 풀어가도록 도와주면 된다.

글을 모르거나 읽기 어려워하는 아이들에게는 그림이야기가 흥미로운 말하기로 여겨질 것이다. 그림을 보고 이야기를 꾸며서 재미있게 이야기를 들려주는 놀이를 하면서 아이들의 표현력을 키울 수 있다.

 그림이야기 수업 둘! 그림 보며 상상력 펼치기

옆의 그림은 신문에서 찾은 것입니다.

이 그림을 보고 느낀 것을 어떤 상황으로 표현하든 그것은 여러분 마음입니다. 자유롭게 상상해서 재미있는 이야기로 만들어보는 것입니다.

무작정 이야기를 만드는 게 쉽진 않겠죠. 그렇지만 이야기를 만드는 과정을 따라해보면 그렇게 어렵지 않을 거예요.

먼저 그림을 보고 자신이 이야기하고 싶은 주제를 정하고 줄거리를 떠올려보세요.

그런 다음 일단 제목을 정하고 그에 적합한 이야기를 자유롭게 풀어가는 겁니다.

자신의 상상의 날개를 맘껏 펼쳐보세요.

[돈나무]

　우리집 앞마당에 한 새싹이 나왔어. 그 새싹은 자꾸자꾸 자라서 큰 나무가 됐어.

　그런데 그 나무에 돈이 조금씩 조금씩 열리는 거야. 우리 가족은 신기해했지.

그 나무는 시간이 흘러 돈이 엄청나게 열렸지.

다른 사람들은 우리 가족을 부러워했어.

우리 가족은 그 돈을 꼭 필요할 때만 썼어. 다른 사람들은 매일 그 돈을 따려고 했어. 그런데 이상한 일은 착한 사람이 돈을 따려고 하면 쉽게 딸 수 있는데, 나쁜 사람이 따려고 하면 따지지가 않는 거야.

그래서 사람들은 착한 사람이 되기 위해 매일매일 착한 일을 했어. 그리고는 돈나무에 가서 시험을 해봤어. 돈이 따지면 착한 사람이고, 돈이 따지지 않으면 나쁜 사람이기 때문이지. 그래서 그 동네에는 착한 사람만 살게 되었어.

서울 양재초등학교 5학년 심지희

[돈나무의 탄생]

엄마 심부름을 한 꼬마아이가 길을 걷다가 동전 한닢을 주웠습니다. 하지만 그 꼬마아이는 아직 어려서 뭐가 뭔지도 몰랐습니다. 아이는 땅에서 주웠으니 땅이 동전의 주인인 줄로만 알았습니다. 그래서 꼬마아이는 땅속에 동전을 묻었습니다.

"자, 이제 정말로 니 거야. 이제는 절대로 남에게 주지 마. 그럼 안녕."

꼬마아이는 조금은 아깝다는 생각도 들었지만 착한 일을 해서 콧노래가 절로 나왔습니다.

세월이 흘러서 꼬마아이는 젊은 청년이 되었습니다.

그런데 이게 웬일입니까. 땅속에 묻힌 동전에 싹이 트고 점점 큰 나무로 자랐습니다.

그러던 어느 날, 청년의 꿈속에서 돈나무가 얘기했습니다.

"나는 너의 것이야. 어서 이 돈을 따서 가져가."

놀란 청년은 잠에서 깨어 벌떡 일어났습니다.

그랬습니다. 청년이 예전에 묻었던 동전이 물 대신 어린아이의 착한 마음씨를 먹고 자랐던 것이었습니다.

돈나무의 탄생은 이렇게 시작된 것이었습니다.

서울 양재초등학교 6학년 이혜연

[돈나무]

부지런한 사람들이 사는 마을이 있었습니다.

마을의 중심에는 동그란 언덕이 있었습니다. 그 언덕에는 만발한 꽃들과 귀여운 금붕어들이 하늘하늘 헤엄치는 연못이 있었습니다. 그리고 그 연못 옆에는 억만장자가 되고도 남을 만큼의 돈이 열리는 나무가 있었습니다.

누구든지 보면 욕심이 나는 나무겠지만, 부지런한 사람들은 그 나무를 욕심내지도 부러워하지도 않았습니다. 항상 자기 힘으로 노력해 일을 이루어내는 부지런한 마을 사람들에게 이 나무는 그저 그늘을 만들어주는 나무에 불과했습니다.

어느 날 한 사업가가 마을에 찾아왔습니다. 그의 옷은 먼지 하나도 보이지 않을 만큼 깨끗하며 근사했고, 그의 구두에서는 광

택이 났습니다. 제아무리 눈치가 없는 사람이라도 그가 부자라는 것을 알 수 있었을 것입니다.

사업가는 마을의 입구를 지나고 시장을 지나 마을 중심의 동그란 언덕으로 달려갔습니다. 만발한 꽃들을 지나 연못을 지나 돈이 열리는 나무의 곁으로 갔습니다.

그는 기다란 장대로 나무를 흔들었습니다. 나무에서 수많은 돈들이 떨어졌습니다. 몰래 숨어서 지켜보던 아이들이 나무를 안타까운 듯이 쳐다보았습니다. 그동안 우리에게 그늘을 주었던 나무가 저렇게 되다니. 그러나 사업가는 아이들의 마음을 아는지 모르는지 계속해서 나무를 흔들었습니다.

곧 나무는 잎사귀만 남고 앙상한 가지만 보였습니다. 사업가는 커다란 자루에 수많은 돈을 넣었습니다. 한 장도 놓치지 않으려고 눈을 반짝거렸습니다.

그리곤 서둘러 마을을 떠났습니다.

마을 아이들은 사업가가 떠나는 것을 본 후 재빨리 나무에게로 다가갔습니다. 그리고 지켜주지 못했던 것이 내심 미안한지 눈물을 흘렸습니다.

나뭇가지 한구석에서는 또다시 돈이 조금씩 자라고 있었습니다. 그 돈은 사람이 쓰는 가치만의 돈이 아닌 마을 사람들의 능력과 땀 그리고 마음의 재산이었던 것입니다.

사업가는 소스라치게 놀라고 말았습니다. 대궐같이 아름다운 집에 돌아가 그 자루를 열자 일해서 벌지 않은 이 가치가 그저 빨간 사과로 변해 있었기 때문입니다.

서울 양재초등학교 4학년 이보람

　같은 그림을 보고 쓴 것이지만 생각의 방향은 쓴 아이마다 다르다. 이런 놀이를 통해 아이들은 사물에 대해 인식의 폭을 넓히고 하나둘씩 이야기의 싹을 틔우게 된다.

　'그림 보고 말하기'에서 쉽게 활용할 수 있는 것이 바로 신문에 있는 사진이나 그림들이다. 제목과 내용을 가리고 보여주면 아이들은 상상의 날개를 펼친다. 그림을 보고 떠오르는 생각을 이야기로 만들어서 친구나 가족들에게 재미있게 들려주도록 아이를 이끌어보자.

　이렇게 그림을 보고 표현할 수 있는 힘이 커지면 일상생활에서 보는 사소한 것들도 자기만의 생각이나 감정을 담아서 표현할 수 있게 된다.

10. 인형놀이를 통해 순발력을 키워요

"오늘은 뭘 배웠어?"

"공부 열심히 했니?"

"학교에서 말썽은 안 피웠니?"

"내일 숙제는 다했니?"

많은 부모들이 유치원이나 학교에 갔다온 아이에게 이런 종류의 말을 던질 것이다. 대화를 위한 말이라기보다는 그야말로 질문들뿐이다. 당연히 몇 마디 마지못해 하는 대답만 아이들한테서 들을 수 있을 뿐 이야기는 길게 이어지지 못한다.

아이들이 요즘 무엇을 좋아하고, 왜 좋아하는지, 어떤 점이 특별한 것인지, 아이의 생각을 얘깃거리로 끄집어내는 것은 쉬운 일이 아니다.

이럴 때 대화를 놀이식으로 하면서 부모와 아이가 서로 대화하는 데 익숙해지는 게 필요하다. 하나의 상황을 만들어서 역할극

을 하는 것도 좋고 이야기를 재미있게 이어가는 놀이를 하는 것
도 좋다. 이렇게 놀이처럼 대화를 나누다 보면, 다양한 얘깃거리
를 통해 부모와 아이들이 자연스럽게 서로를 이해할 수 있는 말
을 나누게 된다.

　하지만 이런 방법을 그대로 실천한다고 해서 처음부터 대화가
술술 풀리고 길게 이어지지는 않을 것이다. 대화하는 것도 훈련
과정이 있어야 그 힘을 기를 수 있다. 그 훈련과정에서 대화를 풀
어가는 도구로 아이들이 좋아하는 동물인형을 이용하면 아이들
은 흥미롭게 이야기에 빠져든다.

　말하기 수업에서 아이들에게 호랑이, 젖소, 사자 손인형을 주
고 이야기를 해보라고 하면, 인형을 받아든 아이들은 신이 나서
서로 이야기를 시작한다.
　“자, 사자하고 호랑이, 젖소가 동물원을 찾아가는 길이야. 이야
기를 나눠보자.”

사자:　애들아, 우리 동물원에 가자.

호랑이: 그래.

젖소:　동물원에 뭐 타고 가지?

사자:　버스 타고 가자.

호랑이: 난 비행기 타고 가고 싶은데.

젖소:　그냥 택시 타고 가자.

사자:　　돈 있니?

젖소:　　없어.

호랑이: 그럼 어떻게 가지?

사자:　　몰라.

"애들아, '그래, 좋아, 싫어'라고만 말을 끝내지 말고 좋으면 왜 좋은지, 싫으면 어떤 게 싫은지, 그 다음 이야기를 더 들려줘야 해. 아무 말이나 하는 게 아니고 앞사람의 이야기를 잘 듣고 그 말을 이어서 이야기하는 거야. 다시 한번 해보자."

호랑이: 동물원에 가면 우리도 잡히지 않을까?

사자:　　사람들이 나타나면 얼른 달아나면 되지.

젖소:　　난 빨리 달릴 수 없는데.

호랑이: 괜찮을 거야. 얼른 한번 가보자.

젖소:　　그래 내가 우유를 짜서 준다고 하면 안 잡을지도 몰라. 우유를 짜려면 밥을 먹어야 할 텐데.

사자:　　그래 좋아, 그럼 먼저 먹고 들어가자.

호랑이: 난 고기 먹을게.

사자:　　나도 고기 먹을 거야.

젖소:　　난 야채 먹을게.

사자:　　젖소야, 많이 먹어라. 나중에 혹시 배가 고프면 내가 너를 잡아먹어야 하니까.

 3장 발표력 쑥쑥, 말하는 게 참 재미있다

젖소:　　우악!

호랑이: 치사하다. 친구를 어떻게 잡아먹니?

사자:　　그럼 넌 먹지 마.

호랑이: 아니, 말이 그렇다는 얘기지.

젖소:　　나 별로 맛이 없을 거야. 그러니까 잡아먹는다는 생각
　　　　을 하면 안 돼.

　내가 아닌 다른 사물이나 대상이 돼보는 것은 생각의 폭을 넓혀주는 즐거운 경험이다.

　상상을 통해 무엇이든 될 수 있고 무엇이든 할 수 있기 때문에, 아이들은 손인형만으로도 각자 호랑이, 사자, 젖소의 입장을 경험하면서 상황에 맞게 이것저것 생각하고 표현하는 재미를 느낀다.

　그리고 이렇게 인형극을 통해서 대화하기를 훈련하면, 그냥 나오는 대로 아무 말이나 하는 것이 아니라 말의 내용을 정확하게 전달하기 위해 누가 왜 무엇을 했는지는 빠뜨리지 않고 얘기할 수 있게 된다.

　그리고 이런 과정을 통해 이야기를 듣는 사람이 계속 궁금한 걸 묻지 않도록 상황이나 할 말을 정확하게 전하는 능력도 키울 수 있다.

11. 목소리 연기로 표현력을 길러요

"네"라는 말의 의미를 한 단어로 정의 내릴 수 있을까?

평이하게 "네"라고 말하면 긍정의 대답이 되고, 목소리를 조금 높여 "네?" 하면 무언가에 대해 궁금한 감정을 표현하는 것이 되며, 음성을 깊게 하여 "네"라고 하면 수긍하는 말이 되고, 놀란 듯이 짧게 "네!"라고 발음하면 감탄사가 될 수 있다.

이렇게 말에 어떤 감정이 담겨 있느냐에 따라 말의 의미는 크게 달라진다.

똑같이 고맙다는 말을 전하면서도 어떤 사람은 진심으로 고맙다는 마음이 전해지는데, 어떤 사람은 그 마음이 제대로 전달되지 못해 오해를 사는 경우도 있다.

말에도 감정이 담겨 있다. 그 감정이 제대로 살아 있어야 내용의 의미가 정확하게 전달되는데, 사람들은 말에 감정을 담는 것에 별로 신경쓰지 않는다. 말을 할 때 희로애락을 담아서 말을 하면 훨씬 더 생기 있는 말하기 어투가 만들어질 것이다.

이렇게 말에 감정의 색깔을 입히는 연습을 하기 위해서는 '목소리 연기'를 해보는 것이 좋다. 평소에 좋아하는 동물 역할이나 존경하는 위인 역할을 해보는 것이다. 아이들은 다른 사람의 역할을 해보면서 나와 다른 입장을 이해하는 경험을 해볼 수 있다.

각자 역할을 정하고, 그 인물의 성격에 어울리게 감정을 넣어 크게 소리내어 원고를 읽으면서 인물을 이해하다 보면 생각이 넓어진다. 게다가 연기대본과 같은 대화체의 글은 책이라는 부담감이 적어서, 책을 잘 읽지 않는 아이들에게도 좋은 읽을거리로 활용할 수 있다. 그리고 '목소리 연기'를 통해 훨씬 쉽게 이야기의 흐름을 이해하면서 장면을 자유롭게 상상하는 힘을 키울 수도 있다.

목소리 연기를 할 때에는 책을 읽는 것처럼 딱딱하게 읽지 않도록 주의하면서 자연스럽게 말하듯이 표현하게끔 지도해야 한다. 실감나게 연기하기 위해 인물의 성격에 맞는 표정이나 몸동작, 목소리 등을 스스로 표현하도록 하면, 아이들의 창의력이 자극된다. 그래서 초등학교 국어교과에도 연극 수업이 빠지지 않는 것이다.

목소리 연기 수업을 진행하다 보면, 아이들은 "이런 표현은 못하겠어요. 이건 안 할 거예요" 이런 주문이 많다.

이럴 땐 아이들이 스스로 만든 틀을 확실히 깰 수 있게 더욱 과감한 연기를 하도록 지도하고, 또 원하는 대로 했을 경우 칭찬을 아끼지 말아야 한다.

아이들은 말은 "못 해요"라고 하면서도 속으로는 하고 싶은 마음을 강하게 갖고 있다. 그 아이들에게 격려를 아끼지 않으면 아이들은 속에 있는 열정을 끄집어 내보인다.

또한 대부분 아이들은 자신이 맡은 역할이 눈에 띄고 대사가 많은 걸 좋아한다. 대사가 몇 마디 없거나 역할이 마음에 안 들면 하기 싫다고 얘기하기도 한다.

그럴 때에는 주인공이나 비중 있는 역할이 아니라도 자기가 맡은 역할을 얼마나 열심히 멋지게 표현하느냐가 중요하다는 얘기를 빠뜨리지 말아야 한다.

아이들에게 적당한 드라마 대본을 참고하는 것도 좋다. 동화책을 읽고 부모와 아이가 함께 목소리 연기를 할 수 있는 대본으로 만들어본다면 멋진 가족연극 한 편을 만드는 경험을 할 수도 있다.

다음은 동화책을 대화체 글로 바꾼 것이다.

[지붕 위의 내 이빨]
지붕 위의 내 이빨
"싫어, 싫어. 안 뽑을래."
민수는 두 손으로 입을 막고는 뒷걸음질쳤습니다.
"어여 와. 시방 안 뽑으면 덧니 난다."
할머니가 끝에 조그만 올가미를 만든 실을 들고는 쫓아왔어요.

"가만 있지 않으면 치과로 간다."

엄마가 민수 어깨를 꽉 잡으면 으름장을 놓았습니다.

'치과는 가고 싶지 않아.'

지난 봄에 이가 썩어 치과에 갔던 기억이 떠오르자 민수는 도망갈 생각을 포기했습니다.

할머니가 다가오자 민수는 눈을 꼭 감았어요.

할머니가 실 끝의 올가미를 앞니에 걸었습니다.

"저게 뭐냐?"

민수가 눈을 떠 바라보는데 할머니가 이마를 탁 쳤습니다. 그 바람에 팽팽히 당겨진 실 끝에 이빨이 딸려 나왔습니다.

(『지붕 위의 내 이빨』 중에서)

[지붕 위의 내 이]

민수:　싫어 싫어. 나 이 안 뽑을래.

할머니:　(올가미를 만든 실을 들고 쫓아오시면서) 어여 와. 시방 안 뽑으면 덧니 난다.

엄마:　가만 있지 않으면 치과로 간다.

민수:　치과에 가고 싶지 않아.

해설:　민수는 지난 봄에 이가 썩어 치과에 갔던 기억이 떠오르자 도망갈 생각을 포기했습니다.

할머니:　저게 뭐냐?

해설:　할머니가 민수 이마를 탁 쳤습니다.

그 바람에 팽팽히 당겨진 실 끝에 이빨이 딸려 나왔습니다.

할머니: 어떠냐? 안 아프지?

 3장 발표력 쑥쑥, 말하는 게 참 재미있다

12. 나의 주장 발표

　요즘은 학기초에 나의 주장 발표대회를 하고, 학기마다 반장 선거나 회장 선거를 통해 자신의 주장을 펼칠 기회가 많이 주어진다. 한 반이든 한 학교든 대표로 나선다는 건 아이들한테 괜찮은 경험이기도 하다.

　말하기교실에도 "회장 선거 나가는데 어떻게 하면 되나요?" 하면서 찾아오는 아이들과 학부모들이 많다.

　이럴 때마다 아이뿐만 아니라 부모까지 덩달아 연설문을 준비하느라 바빠진다. 아이의 숙제가 어른의 숙제로 넘겨진 요즘, 아이의 생각까지 어른이 만들어주고 있는 것이다. 그러나 정작 중요한 것은 아이가 자신의 이야기를 스스로 하도록 하는 것이다. 지키지 못할 말이나 잘 알지도 못하는 거창한 공약들을 내세우기보다는 학교 친구들이니까 마음으로 다가가는 게 좋다.

　아이들은 발표 전날 내용을 줄줄 외울 정도로 연습을 해도 막상 사람들 앞에 서면 머리가 멍해지거나, 외운 대로 잘 하다가도 글자 하나라도 틀리면 그때부터 말이 꼬이면서 뒷말을 이어갈 수 없게 되고 눈앞이 캄캄해지곤 한다.

원고를 볼 때도 다른 사람이 눈치챌까 슬며시 보는데, 그러면 눈을 흘기는 것처럼 보여서 자신감이 없어 보인다. 오히려 원고를 볼 때 당당하게 고개까지 숙여서 보는 게 낫다.

그렇다고 계속 원고만 보면서 밋밋하게 책 읽듯이 읽어나가면 중요한 내용이 무엇인지 표가 나지 않는다. 원고를 보되 자신 있게 보고 서술어 부분은 내용을 빠르게 눈에 담았다가 고개를 들고 사람들을 바라보면서 말하면 훨씬 설득력이 있다.

원고 내용이 많을 때는 내용을 하나하나 다 써서 보는 것보다는 빠뜨리면 안 되는 이야기를 큰 제목으로 나누고 그 하나하나의 제목에 세 가지 정도로 작은 제목들을 달아서 그 제목에 맞는 이야기를 해나가면 된다.

 **발표의 힘 1. 자신감을 키우자**

★ 다른 사람들 앞에 서면 떨리는 건 당연한 일이다. 전날 미리 거울을 보고 충분히 연습한다.

★ 발표하기 전에 떨리는 마음을 풀 수 있는 방법들을 미리 준비한다. 앉아서 할 수 있는 간단한 맨손체조를 통해 긴장을 풀자.

★ 완벽하려고 애쓰지 않는다. 실수가 곧 실패는 아니므로 두려

워하지 말고 자신의 있는 그대로를 보여주도록 한다.

발표의 힘 2. 나의 장점과 단점을 정확하게 파악한다

★목소리가 작은 사람 또렷하고 정확하게 얘기한다.

★목소리가 큰 사람 스스로 소리를 조절한다.

★사투리로 스트레스 받는 사람 사투리는 그 지역에서 아주 진지하게 쓰이는 말이라는 자부심을 갖는다.

★표정이 굳어 있는 사람 환하게 웃으면서 이야기하는 연습을 통해 바꿔나간다.

발표의 힘 3. 효과적으로 말하는 방법

★어조 원고가 있어도 원고를 책 읽듯이 딱딱하게 읽지 말고, 그 내용을 말하는 것처럼 자연스럽게 해야 한다.

★발음 발음을 또렷하게 하면서 말하는 방법을 익힌다.

★발성 소리가 입 안에 머물러 웅얼웅얼 말하지 않도록 한다.

발표의 힘 4. 지루하지 않고 맛깔스럽게 얘기한다

말에도 색깔을 넣어야 한다. 어조의 변화 없이 조용하게 얘기하면 자칫 지루할 수 있다. 한 문장에서 가장 중요한 단어를 찾아내어 강조해주면 훨씬 효과적으로 들린다.

"그 흰 고래가 혹시 모비 딕이 아닙니까?"

★ **되풀이** 그 고래가 혹시 모비 딕, 모비 딕이 아닙니까?

  강조하려는 말을 두 번 정도 되풀이하면 듣는 사람이
  잘 기억할 수 있다.

★ **띄어읽기** 그 고래가 혹시 ∨ 모비 딕이 ∨ 아닙니까?

  강조하려는 '모비 딕' 앞뒤를 띄워 얘기하면 '모비
  딕'이 또렷하게 들린다.

★ **천천히** 그 고래가 혹시 모비딕이 아닙니까?

  '모비 딕'을 한 자 한 자 천천히 말한다.

★ **강하게** 그 고래가 혹시 **모비 딕**이 아닙니까?

  '모비 딕'을 힘있게 이야기하면 말의 색깔이 달라지면
  서 밋밋하지 않고 듣는 사람도 변화를 느낄 수 있다.

발표의 힘 5. 원고를 보고 말할 때

★ **끝마무리할 땐 원고에서 눈을 떼고 앞을 보고 말한다**

  '니모의 아빠 말린이 갖은 고생 끝에 드디어 아들 니모를 만
  났습니다'에서, 원고를 보고 읽다가도 뒷부분 '아들 니모를
  만났습니다'는 고개를 들고 이야기하면 훨씬 자신감 있게 보
  인다.

★ **원고를 볼 땐 슬쩍 보지 말고 자신 있게 내려다본다**

  원고 내용을 다 외우지 못했을 때는 다른 사람들이 눈치채지

못하게 자꾸만 슬쩍 슬쩍 원고를 보게 되는데, 그러면 시선이 불안해지고 보는 사람도 안타깝다. 그런 땐 오히려 과감하게 원고를 보는 것이 보는 사람에게 더 편안하게 느껴진다.

★ 눈으로 보는 속도가 말하는 속도보다 빠르게 한다

'니모의 아빠 말린이'라고 말하는 동안 '갖은 고생 끝에'를 눈으로 먼저 읽어야 한다. 그러면 뒤의 내용을 빨리 파악하게 돼서 의미 구분도 정확하게 되고 말하면서 더듬거리거나 불안해하지 않아도 된다.

가장 중요한 것은 말이 살아 있어야 한다는 것이다.

자기 주장을 펼 때, 책 읽는 듯한 말투로 또는 웅변하는 듯한 말투로 하는 틀에 갇힌 '말하기'는 사람의 마음을 끌어당기기 힘들다.

살아 있는 생생한 말하기를 위해선 원고를 쓸 때도 글말이 아니라 입말로 써야 얘기할 때도 편하고 자연스럽게 할 수 있다. 원고에 글말로 딱딱하게 써놓으면 말할 때도 딱딱하고 재미없는 말을 하게 된다.

나의 취미는 그림 그리기입니다.

나의 특기는 축구하기입니다.

나의 장래 희망은 과학자입니다.

→ 난 그림을 잘 그리고 축구를 참 잘 해. 이 다음에 커서 과학자가 될 거야.

글말보다 입에 익숙하고 쉬운 말이 좋다. 발표 원고를 이렇게 쉽게 쓴다면 훨씬 세련되게 들리고 알아듣기 쉽다. 요즘은 거창한 말들을 늘어놓으며 소리 높여 얘기하는 것은 별로 설득력이 없다.

지금까지 설명한 내용들은 말하는 기술에 해당한다. 그러나 진짜 중요한 것은 마음을 다해 진심으로 다가가는 것이다.

자기 주장을 설득력 있게 발표하기 위해서, 연습만큼 훌륭한 방법이 없다. 가족 앞에서 여러 번 연습을 한다.

다음은 연설하기의 대표적인 세 가지 유형이다. 각기 개성이 다르니 비교해보는 것도 좋다.

◑ 형식을 갖춰 정석대로 쓴 예

안녕하십니까? 김다영입니다.

만약 반장이 되면 해야 할 일들을 생각해보았습니다.

첫째, 선생님을 많이 도와드리고, 친구들을 위해 봉사하겠습니다. 선생님께서 시키시기 전에 해야 할 일들을 스스로 찾아 하고, 친구들의 어려운 점을 진심으로 도와주는 친절한 어린이가 되겠습니다.

둘째, 3학년 8반이 최고의 반이 되도록 노력하겠습니다. 나 혼자가 아닌 우리 반 모두가 운동이면 운동, 봉사면 봉사, 무엇이든지 잘하는 반이 되도록 앞장서서 노력하겠습니다.

셋째, 회장이라고 잘난 척하지 않고 항상 겸손하고 예의 바르게 행동하며, 1년간 우리 반의 일꾼이라고 생각하겠습니다. 항상 바른 말씨와 행동으로 모범을 보이며, 남들이 하기 싫은 일을 먼저 앞장서서 하겠습니다.

여러분! 제가 반장이 되면 지금까지 얘기한 모든 것들을 반드시 지키겠다고 이 자리에서 선생님과 여러분께 꼭 약속드립니다.

감사합니다.

서울 서일초등학교 3학년 김다영

🔁 좀더 부드럽게 표현한 예

김정현입니다.

벌써 한 학기가 가고 3학년 2학깁니다.

처음 3학년이 됐을 때는 친구들하고도 서먹서먹했는데 이젠 친구들하고 많이 친해졌고 반 분위기에도 많이 익숙해졌습니다.

이번에 우리 반을 대표하는 회장이 돼서 반 친구 한 사람 한 사람과 친하게 지내고 싶습니다. 그래서 반 친구들이 가장 원하고 필요로 하는 게 뭔지 정확하게 알아서 해결해가겠습니다.

토론하는 시간을 많이 가져서 의견을 모으는 토론 문화를 만들어가겠습니다.

청소도 앞장서서 하고 칠판지우개도 열심히 털겠습니다.

우리 반에 재미있고 좋은 책을 많이 모아서 쉬는 시간이나 시간이 날 때 자기 자리에서도 쉽게 읽을 수 있게 하겠습니다.

이번에 꼭 회장이 돼서 우리 반을 멋지게 한번 이끌어가고 싶습니다.

마음을 모아서 기회를 주십시오.

고맙습니다.

서울 서이초등학교 3학년 김정현

말하듯 연설한 예

안녕, 다들 방학 잘 보냈지?

방학 동안 여기저기 여행할 수 있어서 참 좋았지만 너희들이 보고 싶어서 방학이 길게 느껴졌어.

이렇게 건강한 모습으로 볼 수 있어서 기뻐.

너희들이 방학 동안 어떻게 지냈는지 많은 얘기를 나눴으면 해.

이제 서로 많은 이야기를 나누면서 다 함께 친하게 지내고 싶어.

그리고 이번 2학기에는 우리 반을 대표해서 일하고 싶어.

사실 1학기 때는 좀 조용히 앉아 있었는데, 이제 적극적으로 우리 반을 위해 일하면서 열심히 노력할 거야.

특히 내가 대표가 되면, 우리 학교에서 우리 반을 가장 많이 웃는 학급으로 만들고 싶어. 내가 하루에 한 번씩 꼭 재미있는 얘기를 준비할게.

또 너희들이 원하는 걸 이 종이에 적어주면, 우리가 실천할 수 있는 건 꼭 할 거야.

내가 우리 반을 위해서 일할 수 있는 기회를 주길 바래.

서울 리라초등학교 5학년 이보라

부모가 아이의 말을 만든다

1. 아이에게 자신감을 주는 따뜻한 말 걸기

말하기교실 수업 시간.

초등학생 15명 정도 참가한 수업이었다.

"자, 오늘은 첫 시간이라 서로 처음 만났으니까 어느 학교에 다니는지 몇 학년인지 소개하는 것으로 시작해보자."

내 말이 떨어지기가 무섭게 아이들은 "어~휴" 하면서 한숨부터 내쉬었지만, 금세 어떻게 하면 남다르게 소개할 수 있을까 이리저리 궁리하는 모습을 보였다.

속으로 웅얼웅얼 연습해보는 아이, 뭔가 종이 위에 쓰는 아이, 다들 열심히 고민하는 모습이었는데, 약간은 불안한 눈빛으로 자꾸만 고개를 숙이는 한 아이가 있었다.

무대에 나온 아이들은 저마다 특색 있는 모습으로 자기소개를 하고 들어갔다. 나와서 인사만 하고 달랑 학교와 학년, 이름만 애기하는 아이가 있는가 하면 자기의 특기라며 춤과 노래를 부르는 아이까지, 아이들의 숫자만큼 다양한 자기소개를 펴나갔다.

드디어 고개 숙였던 그 아이 차례.

"자, 이번에는 진석이가 해보자."

제법 씩씩하게 진석이가 걸어나왔다.

그런데 잠시 멈칫멈칫하더니 이내 원고로 얼굴을 가리고 소리 없이 눈물을 흘렸다. 앞으로 나올 때까진 그래도 한번 해봐야겠다고 마음을 굳게 먹고 나왔는데, 밀려오는 눈물을 막을 길이 없었나 보다.

"진석아, 사람들 앞에 서는 게 많이 힘들구나. 알았어. 오늘은 말하기가 어렵겠지."

고개로만 끄덕이는 진석이.

"다른 친구들 하는 것만 보고 가도 좋아. 언제든지 하고 싶을 때 하면 돼. 선생님은 늘 기다리고 있을 거야. 대신 빠지지 않고 올 수는 있겠니?"

고개만 숙이고 있던 진석이는 별말 없이 서 있다가 그대로 자리에 들어갔다.

나는 진석이가 한번 제대로 해보지도 않고 다시 사람들 앞에 서려는 마음을 완전히 접을까봐 걱정이 됐다.

일주일 후, 다시 오지 않을지도 모른다고 걱정했던 진석이가 환하게 웃으면서 앞자리에 앉았다.

"진석아, 오늘은 기분이 좋은가 보다. 이번에는 친구들 앞에 설 수 있겠니?"

　의외로 진석이는 너무나도 씩씩하게 "네"라고 대답했다. 그리고 앞으로 나와, 떨리는 목소리로 짧게 자기소개를 하고 들어갔다. 어찌됐든 진석이는 멋지게 첫번째 말하기 과정을 통과한 것이다.

　말하기 수업을 하면서, 첫날 적응을 못 해 눈물을 흘리는 아이들을 많이 만났다. 나이가 어리거나 초등학교 저학년이나 그러겠지 하고 생각할지 모르지만, 이것은 나이와는 그다지 상관이 없는 일이다. 남 앞에 서게 되거나 많은 사람들과 함께 있는 자리에서 자기 이름이 불리면 눈앞이 캄캄해진다는 어른들도 많이 만나 보았기 때문이다.

　'눈물부터 쏟아질 만큼 사람들 앞에 서는 일이 그렇게 힘이 들까?'

워낙 말하는 것을 좋아했던 나로서는 사실 처음에 잘 이해되지
않았다.

사람들 앞에 서면 왜 몸부터 비비 꼬는지, 뭐가 부끄러운지, 사
람들 눈에 띄지 않으려고 몸부림치는 이유가 무엇인지 궁금해서
아이들에게 물어봤더니, 가장 많은 대답이, 혹시 틀릴까봐, 틀리
면 사람들이 흉볼까봐 그게 걱정돼서 자신이 생기지 않는다는 것
이었다.

그렇다면 그런 마음이 어디서 나오는 걸까. 물론 타고나는 성
격이 분명히 있다. 하지만 아이들은 많은 부분에서 환경에 영향
을 받는다. 생활 속에서 부모들이 무심코 던지는 말에 아이들의
기가 꺾이는 경우가 많은 것이다.

"발표할 때 좀 잘하지. 그것밖에 못하니?"

"소리가 왜 그렇게 작니?"

"민주는 아주 똑소리나게 잘하는데 너는 그런 엉뚱한 이야기를
하니?"

"네가 하는 게 다 그렇지. 너한테 뭘 기대하겠어?"

"너처럼 하면 선생님이나 친구들이 싫어할 거야."

"그렇게 멍청하게 얘기할 거면 아예 입 다물고 있는 게 낫겠
다."

"누굴 닮아서 그렇게 말을 못하니?"

"앞으로 뭐가 될지 걱정이다."

  4장 부모가 아이의 말을 만든다

"그것도 하나 못하고 어떻게 살래?"

그 예를 다 들 수 없을 만큼 많은 부모의 말이 아이들의 마음에 상처를 낸다. 부모의 이런 말을 들으면서 아이들의 마음은 점점 쪼그라든다. 아이들은 자기를 있는 그대로 보여주고 싶어도 실수했을 때 들어야 하는 따가운 말들을 먼저 생각하면서 걱정하게 된다. 완전하게 준비가 되지 않으면 그 어떠한 것도 보일 수 없게 되고, 결국 시도도 해보지 않고 마음의 문을 닫아버리게 되는 것이다.

이제 부모들의 말이 달라져야 한다. 아이들을 가장 잘 알고 아이들에게 가장 가까이 다가갈 수 있는 부모부터 아이들이 자신의 모습을 있는 그대로 보여주고 당당하게 나설 수 있도록 따뜻한 말 걸기를 하는 게 필요하다.

생활 속에서 아이에게 자신감을 줄 수 있는 말들로 아이가 말에 대한 두려움이나 부담을 갖지 않도록 도와주도록 하자.

2. 생각과 마음을 주고받는 대화 나누기

식사시간, 부모들은 아이가 "물"하면 물을 가져다주고, "밥"하면 밥을 입에다 떠넣어준다.

"김 줄까? 고기 먹을래? 한 숟가락만 더 먹으렴. 이것만 다 먹으면 장난감 사줄게"라고 달래기 바쁘다. 아이가 어릴수록 부모들은 아이가 말을 내뱉기도 전에 아이가 원하는 걸 해결해준다. 그러나 이런 지나친 사랑은 결국 부모의 물음에 대답만 하는 아이로 만들어버리는 결과를 낳는다.

아이가 초등학교에 들어가서 자기 의사표현을 할 수 있어도, 부모는 여전히 아이의 생각을 대신 말하려고 한다. 부모들은 아이와 대화를 나누기보다 아이의 생각을 꿰뚫어보기 위해 애쓰는 것이다.

하지만 아이와 부모의 대화는 묻고 답하는 일방통행이 아니라, 서로의 의견을 나누는 쌍방향이어야 한다.

내가 자주 사용하는 내 아이들과의 대화 나누기 요령이 있다.

책은 반드시 아이들과 함께 읽는다

책 읽는 게 좋다는 말에 동서고금을 막론하고 누구 하나 이의를 제기할 사람은 없다. 그런데 부모들은 아이들에게만 무조건 책 읽기를 권하고 정작 자신들은 책을 멀리하는 경우가 많다.

특히 동화책은 아이들만 읽는 책이라고 여기며 어떤 내용인지조차 훑어보지 않는다. 그러면서 아이가 책을 읽었는지 확인하기 위해 아이에게 책 내용을 꼭 물어본다. 그리고 아이가 책 내용을 얘기하면 "어, 그렇구나"하는 간단한 대답으로 독후감 검사를 끝낸다. 하지만 이런 식으로는 읽은 책 목록만 늘려나갈 뿐, 책의 지식을 아이의 지혜로 만들기는 어렵다.

한 번 읽은 책이라도, 그 내용을 좀더 깊게 되새겨보는 시간을 통해서 자신의 생각을 키울 수 있는 영양분으로 활용할 수 있게 되는 것이다. 물론 이것은 아이 혼자 하기 힘든 일이다. 아이가 책을 통해 '마음의 양식'을 쌓게 하기 위해서 부모가 함께 책을 읽기를 권하고 싶다.

우리 아이는 책을 읽는 것에 순서가 있다. 우선 아이는 나와 함께 읽을 책을 정한다. 책을 고를 때 가장 중요한 것은 물론 아이의 의견이다. 그 다음 아이가 책을 먼저 읽고 나면 내가 읽는다. 그리고 난 후 아이와 함께 주인공에 대한 느낌, 인상 깊었던 대목, 그리고 가장 좋아하는 등장인물 등 여러 가지 얘기를 나눈다.
함께 독서감상 시간을 가지면서 우리 아이들은 책 읽는 일을 즐
기고 이야기를 조리 있게 풀어내는 모습을 보여주고 있다. 그리
고 덕분에 나도 책을 가까이하는 버릇이 생겼다.

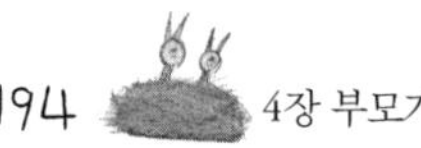 주말이면 아이들과 함께 전시회를 보러 다닌다

미술 전시회, 사진 전시회, 과학관, 건축 전시회, 도자기 전시
회, 식물관 등등. 신문이나 인터넷을 찾아보면 정말 다양한 주제
로 열리는 전시회가 넘쳐난다. 요즘은 학교에서 이런 전시회에
가는 것을 과제로 내기도 해서 부모들이 아이들과 함께 전시회를
많이 찾고 있다.

그런데 이런 곳에 가면 부모들은 대부분 휙 한번 돌아보고 밖에서 기다리고, 아이들은 여기저기 기웃거리다가 이내 지루해한다. 다 함께 기념사진 한 방 찰칵, 그러고는 다녀온 것에 의미를 두고 뿌듯해하는 경우가 많다. 어렵게 낸 시간을 이렇게 재미없게 보내는 것은 안타까운 일이다.

나는 아이들과 전시회에 가면 여러 가지 놀이를 한다.

미술 전시회에 가서는 '그림 제목 내 맘대로 짓기', '서로의 눈높이에서 그림 보기', 과학 전시회에서는 '실험해보기', 박물관에서는 '설명 안 보고 옛날 물건의 용도 알아맞추기' 등 전시관을 느긋하게 둘러보며 아이와 함께 서로의 느낌을 나눈다.

이렇게 전시회에서 아이와 대화를 나누면, 나는 새로운 아이들의 세계를 만날 수 있고, 아이들은 사물을 깊게 바라보고 생각하면서 말하는 힘을 키울 수 있다.

하루에 한 번씩, 아이에게 재미있는 이야기를 들려달라고 한다

나는 아이와 얘기를 나누다가 종종 엄마를 웃길 수 있는 이야기를 들려달라고 아이에게 부탁한다. 아이는 처음엔 본인의 대사를 엄마한테 뺏긴 것처럼 당황했지만, 이내 '어떻게 하면 엄마를 웃길 수 있을까?' 고민하다가 이야기를 꺼낸다.

"엄마, 엄마, 진주는 어제 이가 빠졌대. 사과를 한입 무는데 (히히) 이가 사과에 박혀서 빠져 있더래. 근데 웃긴 건 사과가 아까

워서 이가 박힌 부분을 도려내고 다시 먹었대. 아우! 나 같으면 그냥 안 먹었을 건데. 난 아랫니가 흔들리는데 딱딱한 거 안 먹어야지. 먹는데 이가 박혀서 빠지면 이상할 것 같아.”

나는 아이가 이야기할 땐 세상에서 가장 웃긴 이야기를 듣는 것처럼 즐거워한다.

내가 재미있어하면 아이는 아주 흐뭇한 표정을 짓는다. 이제 아이는 재밌는 얘기를 스스로 즐겨한다. 학교에서 들었던 우스운 이야기, 책에서 읽었던 재밌는 이야기, 자기가 만들어낸 옛날이야기……. 그동안 아이는 정말 많은 재미보따리를 풀어놓았다. 그러면서 말하기에 필요한 최고의 재산인 유머 감각도 함께 키워나가고 있다.

나는 앞으로 아이와 함께 하고 싶은 게 참 많다.

아이와 함께 쓰는 일기장, 자신만의 느낌으로 표현하는 가족단어장, 동네 지도 만들기…… 생활 속에서 말하기의 재료는 무궁무진하다.

아이의 생각을 꿰뚫어보는 부모보다 아이의 생각을 함께 나누는 부모가 되는 것이 중요하다.

처음부터 말을 잘하는 사람은 없다. 아이가 말을 잘하길 바라는 부모라면 아이와 함께 얘기를 나눌 기회를 많이 만드는 게 필요하다. 부모들이 좀더 부지런하게 아이와 말할 준비를 해야 한다.

 4장 부모가 아이의 말을 만든다

3. 말 속의 남녀평등

"어머나, 너무 예쁘게 생겼네. 남자들한테 인기 좋겠구나."

"조용하고 얌전한 게, 침착해 보이네. 정말 천상 여자구나."

다른 사람들이 내 아이들을 보고 종종 하는 얘기다.

그 사람들은 칭찬으로 하는 말이지만 나는 이런 말을 듣는 것을 별로 좋아하지 않는다. 나는 내 아이들이 '여자아이'가 아니라, 그냥 '아이'로 불렸으면 좋겠다. 거기에다 씩씩하고 멋진 아이라는 수식어가 붙는 아이로 자라길 바라는 마음이다.

사회에서 남녀평등을 기본적인 가치로 내세우고 일에 있어 남녀구분이 많이 사라졌지만, 아직도 어떤 사람들은 '남자다워야 한다'와 '여자다워야 한다'는 틀을 버리지 못하고 있다.

"여자가 왜 팽이를 가지고 놀아요. 인형을 갖고 놀아야지."

"우리 아이는 남자아이라서 차를 좋아해요."

"여자아이가 왜 저렇게 뛰는 걸 좋아하는지."

"여잔데 앞에 나서는 걸 좋아해서 큰일이에요."

"남자아이가 너무 소심해요."

"우리 아인 남자라서 너무 덜렁대요."

이런 말을 듣고 자라는 아이들은 또다시 그 틀에 갇혀버리게 된다.

남녀차별의 틀을 굳건하게 지키고 있는 게 또 하나 있다. 바로 학교 교과서이다.

말하기 수업시간에, 초등학교 5학년 1학기 읽기 책에서 성 차별을 나타나는 내용을 찾아보았다.

선생님: 어떤 게 성 차별이 될 수 있을까?

아이들: 여자만 집안일을 하고 설거지를 하는 게 성 차별이에요.

선생님: 응, 맞아. 아직까지도 여자는 집안일 하는 걸 타고난다고 생각하는 사람들이 있어. 하지만 요즘은 엄마 아빠가 다 일하시는 집이 많잖아. 그런데도 여전히 아이들 돌보는 일이나 집안일은 엄마들이 해야 하는 일로 여기고 있어. 아빠들이 많이 집안일에 참여하고 있지만, 함께 일을 나누는 게 아니라 엄마의 일을 도와주는 거라고 생각하지. 5학년 국어 교과서에 나오는 〈우리 집

우렁이각시〉라는 이야기 한번 볼래? 어떤 이야기니?

아이들: 직장을 잃은 아빠 얘기예요. 평소에도 집안일을 잘 도
와주지 않던 아빠인데 일이 없어 집에 계시면서도 가
족들이 이야기하는데도 신문을 보시느라 얼굴을 가리
고 있어요. 가족들과 눈 마주치는 걸 피하시죠. 그런데
가게 점원 일을 하는 엄마하고 아이들이 돌아오면 집
안이 정말 깨끗하게 되어 있는 거예요. 아버지가 우렁
이 각시처럼 집안을 깨끗하게 청소하시는데 그 사실을
감추는 거죠.

선생님: 남자들이 직장을 잃고 죄지은 것처럼 생활하는 거나,
남자들만이 돈을 벌어서 가족을 돌봐야 한다는 건 남
자들에게는 큰 부담이 돼. 엄마가 가게에 나가서 일을
하니까 아빠는 다른 일을 구할 동안 집안일을 하면 될
텐데. 집안일은 엄마만 해야 하고 아빠가 하는 게 드러
나면 아이들에게 부끄러운 일이라는 걸까? 집안일은
여자만 하는 일이라고 여기지 않았다면, 아빠가 집안
일을 숨어서 하지 않고 마음 편히 가족들과 어울려서
할 수 있었을 거야.

아이들이 학교에서 배운 내용들을 통해 내린 결론은, 교과서에
는 '용감하고 똑똑한 사람'은 남자로 그리고 '예쁘고 착한 사람'은
여자로 자주 표현된다는 것이다. 아이들은 교과서의 글을 아무런

의심 없이 다 받아들이게 마련이다. 결국 이런 교육 속에서 아이들은 여자와 남자를 편 가르듯이 나누어서 생각하게 된다.

　말이나 글은 사람의 생각을 담아내는 그릇이면서 동시에 사람의 생각을 만들어가는 역할을 한다. 그렇기 때문에 더욱 학교 교육의 기본인 교과서에서부터 남녀차별의 내용을 바로잡는 노력을 해야 할 것이다. 또한 여자든 남자든 똑같은 '사람'이라는 기준으로 성격이나 능력, 실력을 평가하는 생활 속의 말 환경이 만들어져야 할 것이다.

4. 우리말 잘하는 아이가 영어도 잘한다

가끔 더듬거리면서 말하는 것을 힘들어하는 여덟 살 상일이는 다섯 살 때부터 영어공부를 시작했다.

우리말도 알아듣기 힘들 만큼 발음이 좋지 않지만 지금 상일이는 영어를 배우는 데 가장 많은 시간을 보낸다. 상일이 부모는 상일이가 우리말을 잘하지 못한다는 걸 인정하면서도 영어만 잘하면 된다는 생각으로 영어교육에 열을 올린다. 상일이의 부모가 상일이에게 기대하는 우리말 수준은 딱 이만큼이다.

"우리말, 그거 크면 다 하는 거고 대충 알아듣기만 하면 되는 거 아니에요?"

하지만 우리말을 어눌하게 횡설수설 이야기하는 아이들은 알파벳을 떼더라도 그 이후 별 진전을 보이지 못하는 것을 많이 보았다.

"우리 어떤 아이스크림 먹을까?"

“저는 누가바 먹을게요.”

“준성이는?”

“미 트(me too).”

아주 어릴 때부터 영어를 배우기 시작한 준성이는 평상시에 짧은 영어 단어를 상황에 알맞게 곧잘 써먹는다. 그리고 그럴 때마다 주변 사람들의 부러움을 한 몸에 사고 크게 칭찬받는다.

그런데 문제는 발음이다. 준성이는 영어나 우리말이나 말을 할 때 ‘오’와 ‘우’ 발음을 잘 하지 않는다. ‘우리가 했어요’를 ‘으리가 했어요’, ‘하세요’를 ‘하세여’라고 한다. 영어에서도 마찬가지로 ‘우’를 ‘으’라고 발음한다.

하지만 준성이가 애초부터 ‘오’와 ‘우’ 발음을 못 했던 것은 아니다. 입 안 구조상 ‘우’ 발음을 못 하는 게 아니라 그동안 정확하게 발음하지 않던 말버릇이 입에 그대로 익숙해져서 이제는 모든 ‘오’와 ‘우’ 발음이 엉성하게 나오는 것이다.

우리말 발음을 정확하게 익혀놓지 않으면 외국어를 배우더라도 결국 탈이 나게 마련이다. 외국어를 배우는 과정에서 발음뿐만 아니라 단어나 문장을 배워나가는 것에도 말의 기본은 우리말이다.

그런데 요즘 아이들은 우리말을 완전히 익히기도 전에, 초등학교에서는 말할 것도 없고 유치원에서부터 알파벳을 필수 과정처럼 배운다. 심지어 엄마 뱃속에 있을 때부터 영어를 끊임없이 듣고 자란다. 요즘 아이들은 그야말로 영어 열풍의 환경에서 커가고 있는 것이다.

외국에서 공부하면 영어든 뭐든 다 잘할 수 있다는 확신으로 짐을 싸서 외국으로 떠나는 사람들도 많다. 심지어 원정출산도 떠난다고 하니, 영어교육에 매달리는 부모들의 극성이 도를 지나치고 있다. 텔레비전에도 인기 있는 젊은 연예인 중에 외국에서 살다온 사람들이 많이 나온다. 영어 실력은 어떨지 모르나 그들 중엔 우리말을 잘 하지 못해 프로그램에서 종종 웃음거리가 되곤 하는 경우도 있다.

만일 주변에 있는 사람이 우리말은 제대로 못하면서 영어실력만 있다면, 과연 그 사람에 대해 어떻게 평가할까?

영어가 인생을 결정하는 것인 양 영어에 목숨 걸고 있는 환경 탓에 우리말도 영어도 어눌하게 하는 아이들이 늘어나고 있다.

어릴 때부터 영어를 배워야 하는가에 대해서는 연구자마다 다른 의견을 가지고 있어, 아직은 어린이 영어교육의 효과를 딱 꼬집어 한쪽으로 결론낼 수 있는 일은 아니다.

하지만 내가 만나본 아이들을 보면서 확실하게 알게 된 사실은, 우리말을 잘하는 아이들이 영어도 잘한다는 것이다. 우리말 표현을 다양하게 할 줄 알고 자기 생각을 정리해서 정확하게 애기할 수 있을 때 영어 표현도 다양해지고 배우는 속도도 훨씬 빨라진다. 우리말에 대한 개념이 확실해야 영어 실력도 제대로 쌓아갈 수 있는 것이다.

5. 열 번의 칭찬보다 더 필요한 것

첫 사회생활이라 할 수 있는 초등학교에 들어가서 다른 아이보다 내 아이가 더 돋보이고 자신 있게 생활했으면 하는 기대를 품는 것이 부모 마음이다.

이때부터 부모들은 내 아이를 다른 아이와 본격적으로 비교하는 눈이 생기게 마련이다.

초등학교에서 열리는 공개수업.

열심히 손들고 발표하는 아이 옆에서 내 아이가 손 한 번 들지 않고 있는 듯 없는 듯 앉아 있다면, 아이가 주눅이 들었다느니 자신감이 없다느니 하면서 부모들은 당장 걱정에 빠져들게 된다.

그리고 급기야는 아이의 자신감을 키우기 위해 사명감을 갖고 애쓰기 시작한다.

요즘은 아이들에게 자신감을 키워준다며 사람들이 많은 곳에 보내서 갑자기 큰 소리를 지르게 하거나 사람들을 만나서 설문조사를 해오라고 한다고 한다. 어린아이들에게, 그것도 사람들 앞에 나서는 게 무서운 아이들에게 말이다.

이렇게 억지로 아이들에게 자신감을 가지라고 강요하다가, 아이들이 사람들을 만나고 사람들 앞에 나서는 일에 완전히 마음의 문을 닫아버릴까 걱정이 된다.

부모의 만족을 위해 아이에게 시키는 모험이라면 별로 권하고 싶지 않다.

자신감은 멀리 있는 게 아니다. 말하기 환경을 바꿔줘야 한다. 아이가 말하는 데 재미를 붙일 수 있게 도와주고 말하기 환경을 바꾸기 위해서, 먼저 부모의 말과 마음가짐이 변화되어야 한다.

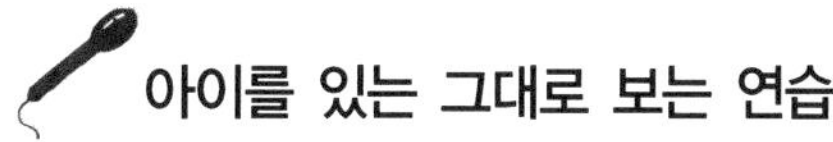

먼저 말 걸기

친구들을 만나거나 새로운 사람들을 만났을 때 부모가 인사를 건네면서 자연스럽게 아이도 인사를 하도록 시킨다.

숫기 없는 아이라면 처음엔 어색해하거나 당황하지만, 상대에 따라 인사하는 법을 가르쳐주고 부모가 함께 인사를 하면 아이는 어색함을 떨쳐내고 자연스럽게 인사할 수 있는 힘을 얻는다. 그러면서 차츰 낯선 사람에 대한 부끄러움이나 쑥스러운 마음이 옅어지면서 남에게 먼저 인사를 건네는 습관이 몸에 배게 된다.

아이를 있는 그대로 보는 연습

"너는 하는 게 늘 왜 그러니. 남들이 보면 널 뭐라고 말하겠니?"

그러지 말아야지 하면서도 아이를 향해 자주 하는 말이다. 그러나 이 말은, 무언가 해보려는 아이의 작은 의지마저도 잘라버리는 위험한 말이다.

부모가 먼저, 남을 의식하거나 남들의 시선에서 아이를 바라보는 태도를 버려야 한다. 아이를 있는 그대로 인정하면서 용기를 북돋워줄 때, 아이의 자신감은 쑥쑥 자라게 된다.

 남과 비교하지 않기

아이들은 남과 비교해서 남보다 못한다는 얘기 듣는 걸 두려워한다.

"저는 반에서 한 9등 정도 하는데 저보다 약간 잘하는 아이와 비교하면 한번 노력을 해볼까 하는 마음이 생겨요. 하지만 전교 일등하는 아이하고 비교하면 '에이, 아예 공부를 하지 말아버려' 이런 생각까지 든다니까요."

이 정도면 비교당하는 아이는 적당한 자극을 받기는커녕, 완전히 기가 꺾여 공부에 대한 흥미마저 잃게 될지도 모른다. 아이들을 가장 잘 알고, 아이들에게 가장 가까이 다가갈 수 있는 부모가 아이들이 있는 그대로 자신의 모습을 보여주고 당당하게 나설 수 있도록 환경을 만들어주어야 한다.

수많은 책이나 미디어에서 끊임없이 말하는 것처럼, 해야 할 것도 하지 말아야 할 것도 많은 게 부모다. 그런데 몇몇 훌륭한 부모를 빼고는 사실 그것을 다 지킬 수 없다.

 4장 부모가 아이의 말을 만든다

그러니 세 가지만 지키도록 해보자.

사람들을 만났을 때 먼저 인사하게 하고, 남이 뭐라고 할까 너무 신경쓰지 말자. 그리고 비교하는 말을 하지 말도록 하자.

그러면 아이들은 훨씬 말의 생각도 자유로워지고 자신감을 가지게 될 것이다. 남에게 신경쓰지 않고 비교하지 않는 것, 이것이 열 번의 칭찬보다 더 필요한 일이다.

아이들은 분명히 달라진다

집에서는 수다스러울 정도로 말을 많이 하는 아이가 다른 사람을 만나면 입을 꾹 다문다.

언제 어디서나 말은 많은데 무슨 말을 하는지 알 수 없을 정도로 횡설수설이다.

교실에서 뒷자리만 고집하고 자기 이름이 불리는 걸 두려워하는 아이, 사람들 앞에 서면 눈물부터 흘리는 아이, 그리고 말버릇이 나쁜 아이들…….

말하기교실에 찾아오는 아이들은 생각보다 말에 대한 두려움을 크게 가지고 있다.

나는 그 아이들에게 말만 잘하는 기술이 아니라 따뜻하게 사물을 바라보고 표현할 수 있도록 도와주고 싶었다. '재미있는 말하기'라는 목표를 가지고 아이들의 말하기 환경으로 무대와 비디오카메라, 라디오 부스 시설까지 만들었다.

말하는 모습을 촬영하고 마이크를 잡고 책을 읽는 과정만으로, 아이들은 굉장한 흥미를 보이고 촬영된 자신의 모습이나 목소리를 통해 자신의 나쁜 말 습관을 스스로 깨닫는다.

이렇게 잘못된 점을 하나씩 바로잡아주면서, 말하기 교육을 좀 더 편안하게 받아들이고 놀이처럼 즐기게 한다.

말하는 게 어눌해서 수업시간에 주변을 맴돌던 아이가 이젠 힘 있게 자기 목소리를 내고 적극적으로 친구들을 이끌어간다.

단어로만 몇 마디 말하고 글은 띄엄띄엄 어렵게 읽던 아이는 이젠 책을 아주 맛깔스럽게 읽는다.

"이거 하면 안 돼요? 이거 먹으면 안 돼요?" 같은 부정적 표현을 쓰던 아이가 "하고 싶어요. 먹어도 되죠?"라고 자기 의사를 분명히 표현한다.

반항적인 어투와 태도가 배어 있던 아이들은 따뜻한 어조와 긍정적인 자세를 익히면서 생활까지 바뀐다.

이런 아이들에게 다가가는 나만의 언어가 있다. 따뜻한 눈 맞춤과 끈기 있는 기다림, 그리고 반드시 달라진다는 믿음이 바로 그것이다.

이제 내게는 아이들이 변하지 않을지도 모른다는 두려운 마음은 1퍼센트도 없다. 내게 말은 마음을 나누는 일이다. 마음을 다해 진심으로 대했을 때, 아이들의 말하기는 큰 보폭으로 훌쩍 발전해간다.

애정을 가지고 가르친다면 아이들은 분명히 달라진다. 정성을

기울이면 기울인 만큼 아이들의 말하기는 멋진 모습으로 성장해 간다.

이것이 내 아이뿐만 아니라 많은 아이들에게 말하기 교육을 하면서 얻은 결론이다. 먼저 부모가 말의 환경을 올바르게 가꿔나 간다면 아이들은 멋지게 변해서 누구나 똑똑하면서도 따뜻하게 말 잘하는 사람으로 성장할 것이다.

10년 아나운서 생활을 마무리하고, 주말부부로 살던 남편과 살림을 합쳐 서울로 온 것이 지난 2001년 말.

할 일을 구체적으로 찾진 못했지만 내 아이를 변화시킨 자신감으로 '말하기 교육'의 중요성을 알리는 일을 하고 싶었습니다. 사람들의 잘못된 말버릇을 볼 때마다, 내가 진정 사랑하는 '우리말'이 함부로 취급당하는 게 안타까워서 참을 수 없었던 것입니다.

그 의지 하나로 나섰을 때 큰 용기와 위로를 준 것은 "너라면 분명히 할 수 있어!"라는 친구 도연이의 말 한마디.

그 말에 힘을 얻어, 무작정 초등학교 몇 곳을 찾아가 "제대로 말하기를 가르치겠다"며 방과 후 시간에 강의를 하게 해달라고 부탁했습니다.

대부분 말하기 교육의 필요성을 이해하지 못하고 거절했을 때, 처음으로 '말하기교실'을 허락해준 양재초등학교 엄정웅 교장 선

생님과 서이초등학교 이애란 선생님, 그리고 교실을 빌려주면서
늘 마음 편하게 해주고 따뜻한 웃음을 보여줬던 서이초등학교 송
수경 선생님. 일거리가 늘어나 귀찮을 수도 있는데 기꺼이 시간
을 만들어주셔서 제가 말하기 교육을 할 수 있게 날개를 달아주
신 고마운 선생님들입니다.

또한 '말하기 교육'에 신바람을 불어넣어준 서초 장미 어린이집
선생님 모두에게 감사드립니다.

새롭게 일을 시작하면서 늘 격려를 아끼지 않았던 박종권 지점
장님, 이영만 국장님, 송현숙 기자님, 가까이서 조용히 지켜봐준
남편 김종민 씨에게 다시 한번 감사드립니다.

발음에 대한 자료를 아낌없이 주신 나찬연 교수님, 늘 사랑으
로 격려해주신 조달곤 교수님, 신세계 강남 문화센터 최정연 실
장님, 부족한 것이 많은데 믿고 글을 쓰게 해주신 북하우스에도
고마움을 전합니다.

'엄마가 바라본 아이들의 말하기' 사례가 필요하다고 부탁했을
때, 아이들의 이야기를 솔직하게 글로 보내준 서혜전, 김경아, 최
영선, 이유경, 지민영, 이혜원, 박형선, 고재순 씨…… 인연의 소
중함을 새삼 깨닫게 해준 고마운 엄마들입니다.

끊임없는 믿음과 후원을 보내주신 나현 어머니, 동걸 어머니,
서현 어머니, 홍윤 어머니, 준근 어머니께 아낌없는 사랑을 전하
고 싶습니다.

세상을 당당하게 바라볼 수 있는 힘을 키워주신 마산 문화방송

임혜숙 부장님, 전정효 이사님, 내가 하는 일에 한결같은 마음으로 용기를 불어넣어주는 김광식 차장님, 정은희 아나운서, 후배 임소리, 말하기교실을 열면서부터 커다란 도움을 준 이계정, 박금황…… 아나운서 시절에 맺은 인연으로 지금까지 내 삶의 든든한 버팀목이자 자양분이 돼주신 분들입니다.

그리고 나를 아나운서라는 직업인에서 말을 제대로 가르칠 수 있는 선생님으로 만들어준 나의 아이들에게 가장 큰 사랑을 전합니다.

주목받는 아이는 말하는 것부터 다르다 © 윤채현

1판 1쇄 | 2004년 9월 20일
1판 4쇄 | 2006년 5월   9일

지 은 이 | 윤채현
펴 낸 이 | 김정순
책임편집 | 변경혜 이승희
펴 낸 곳 | (주)북하우스
출판등록 | 1997년 9월 23일 제406-2003-055호

주   소 | 413-756 경기도 파주시 교하읍 문발리 파주출판도시 513-8
전자메일 | editor@bookhouse.co.kr
홈페이지 | www.bookhouse.co.kr
블 로 그 | blog.naver.com/bookhouse1
전화번호 | 031-955-2555
팩   스 | 031-955-3555

ISBN   89-5605-101-1 03590

이 도서의 국립중앙도서관 출판도서목록(CIP)은 e-CIP 홈페이지(http://www.nl.go.kr/cip.php)에서
이용하실 수 있습니다.(CIP제어번호:CIP2004001651)